准妈妈童装编织日志

辽宁科学技术出版社

·沈阳·

目录

秋

冬

棒针编织的基本符号与针法

棒针编织的基本针法是构成棒针编织最基本、最重要的针法，所有其他花样组织的编织针法，都是在这些基本针法的基础上发展演变而来的。基本针法包括下针、上针、镂空针、放针、并针。其中下针编织又称正针编织，上针编织又称反针编织，镂空针也称为空加针，放针编织针法也称为加针编织针法，并针编织针法也称为减针编织针法。

下针

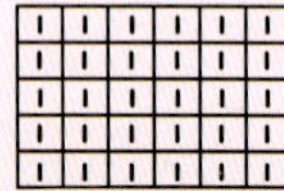

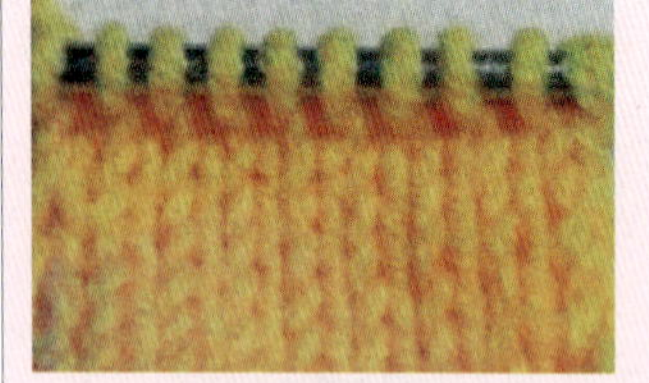

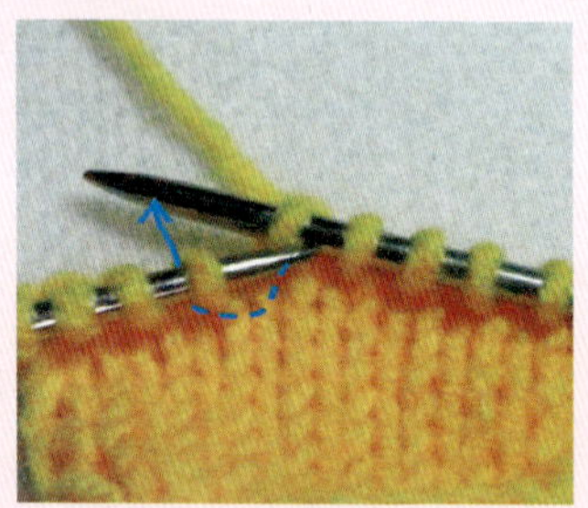

1. 将线放在织片后面，右棒针按箭头方向穿入左棒针右一针圈。

2. 在右棒针上绕线按箭头方向挂线并向前拉出。

3. 从右棒针上拉出环后，将左棒针从针圈中抽出，一个下针完成。

上针

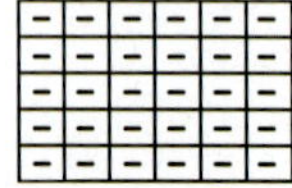

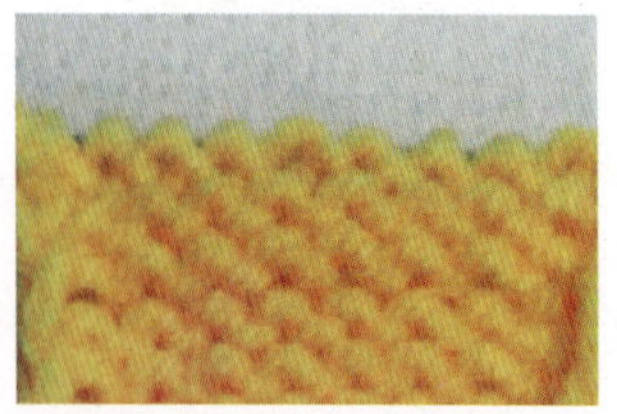

1. 线放在织片前面，右棒针按箭头方向由后面穿入左棒针右一针圈。

2. 然后右棒针按箭头方向由后面拉出。

3. 右棒针上拉出环，接着抽出左棒针，一个上针编织完成。

镂空针

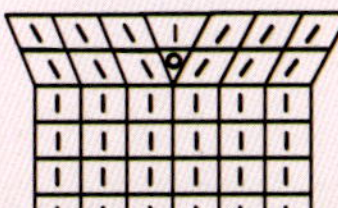

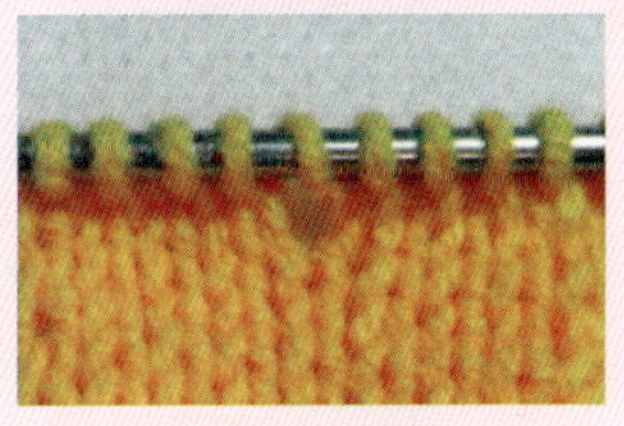

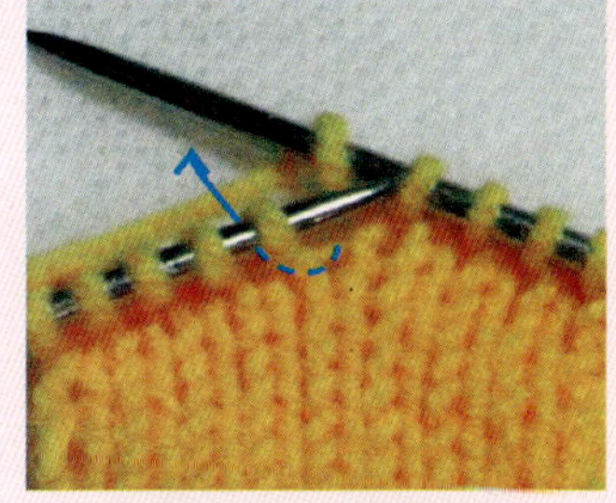

1. 按图示从右棒针前绕线，然后按箭头方向插入左棒针上右一针圈。

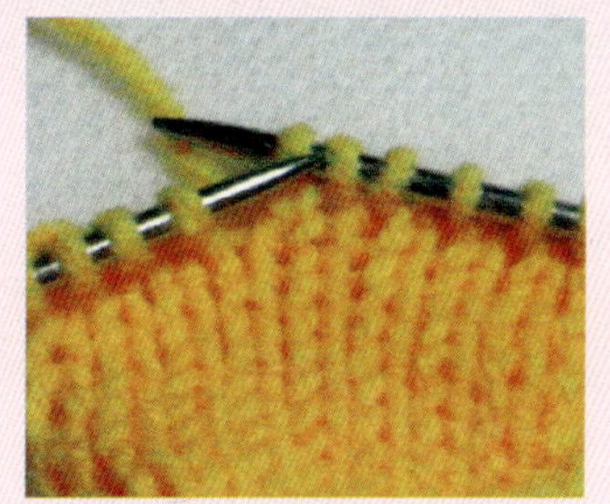

2. 接着是普通的下针编织。

3. 到下一行时，与其他针圈同样编织。一个镂空针完成。

放针

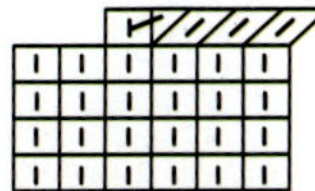

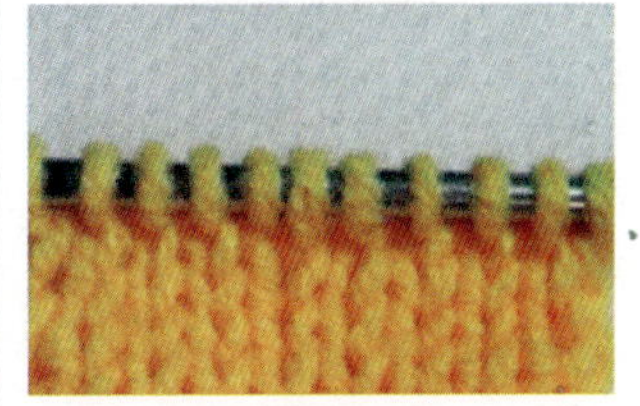

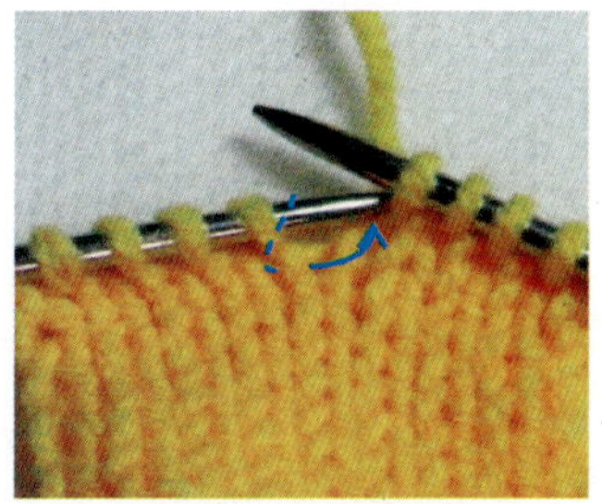

1. 右棒针在下针的前行上按箭头方向插入并挑起针圈。

2. 右棒针绕线，按箭头方向拉出，编织一针下针。

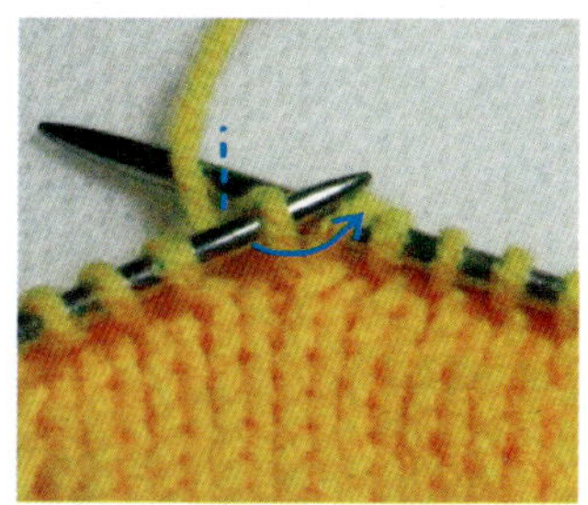

3. 右棒针按箭头方向穿入左棒针上针圈，继续编织下针，一针加针编织完成。

并针

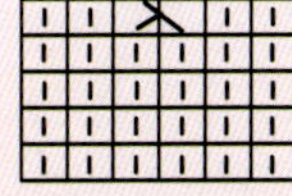

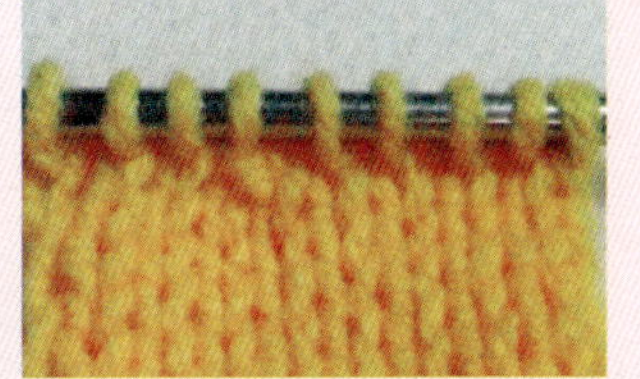

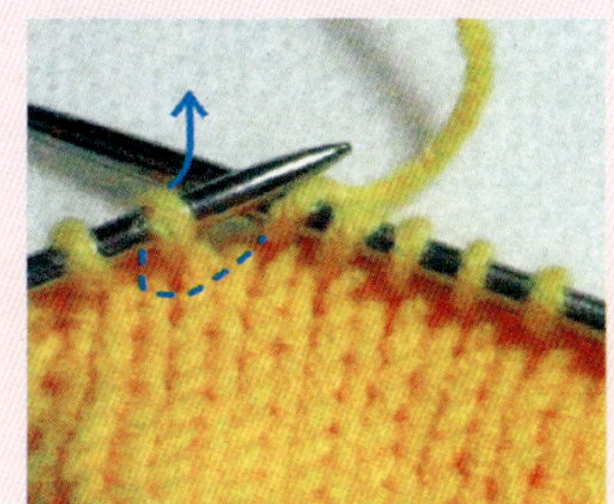

1. 右棒针按箭头方向插入左棒针上右一针圈，不编织并将其移至右棒针上。

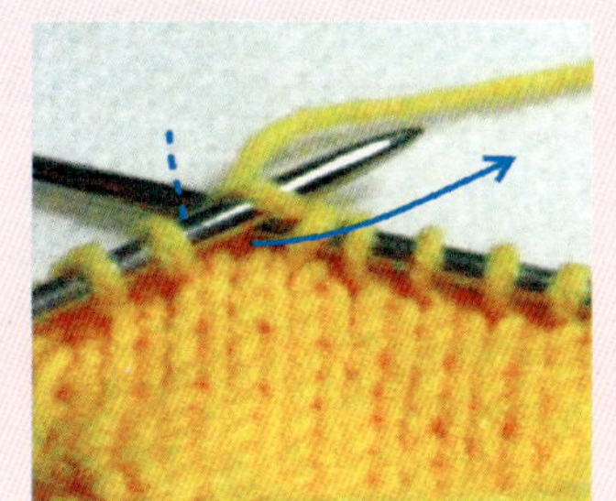

2. 右棒针插针，并按箭头方向拉出，编织下针。

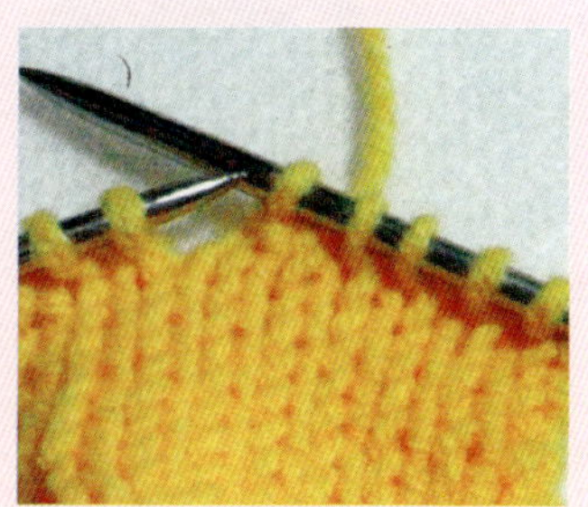

3. 左棒针插入图1中移至右棒针上的针圈，将此针拨出并翻压在左面的针圈上。

春

孕妇基本常识之 友情提示

专家认为，从优生优育的角度来说，要想生一个可爱的宝宝，早期妊娠(3个月内)最好避免冬天和早春。

在自己初孕烦躁时，为宝宝编织一些用品，既能使自己平静，也有一种收获的幸福感。

愉快的心情，带给宝宝健康的发育。为了健康与欢乐，一起走进变幻无穷的编织世界。

春季若雨水少，空气就会比较干燥，这时孕妇皮肤就容易表现干燥、有脱屑。应注意护理皮肤，对干性皮肤来说尤应注意。

金色的阳光，犹如一只神奇的巨手，徐徐地拉开了绿色的帷幕，整个大地豁然开朗了。

孕妇春季宜多吃含高蛋白质的食物，如鱼、虾、牛肉、猪肉等，以及含足够维生素、无机盐的食物，如柑橘、柠檬等，有助于抗病毒。

春季各种病毒、细菌活动频繁，孕妇由于要满足自身及胎儿对氧气的需求，往往过度换气，从而发生感冒等呼吸道感染的几率增大。

钩花纽襟公主鞋

许多妈妈知道，给宝宝穿什么样的鞋是一件需要注意的事情，因为合不合脚、舒不舒服只有宝宝自己知道，但是宝宝不懂得表达，这就需要细心的妈妈为宝宝挑选舒适宽松质软的小鞋子。

钩花纽襻公主鞋

制作详解

【工具】

2.0mm钩针；
手缝针；
毛线缝针。

【材料】

A：粉色中粗线25g；
玫红色、淡绿色线少许。
B：淡蓝色中粗线25g；
天蓝色、草绿色线少许。

实物尺寸

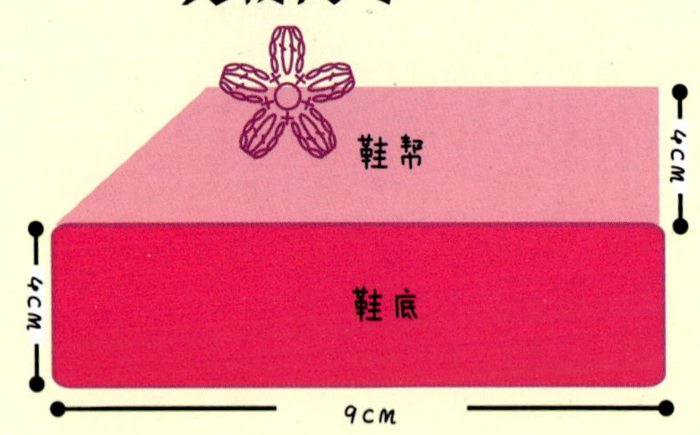

【编织要点】

这是一双春秋季适用的女式宝宝鞋，风格婉约，色彩雅致，选用钩针编织的方法，所用的针法简单，难点在于各个部分的缝合，在图解中特别详细介绍了缝合的过程。

鞋子的主体部分只用了短针编织，主体分为两部分，鞋帮和鞋底，鞋帮是一个类似梯形的织片，鞋帮梯形的短边用深色线织一行引拨针。用草绿色线在鞋帮的相应位置（见图示）钩纽襻，鞋帮前端相交时应注意左右两只位置相反。

用毛线缝针将两部分缝合起来，注意鞋子一周的线迹要松紧均匀，图示部分有详细缝合过程说明。

最后，按图示钩出装饰的小花，将小花钉在相应位置作纽扣，在花的中心钉上一颗小珍珠，使整个鞋子显得更加精致。

钩针符号说明

符号	说明
∘	辫子针
+	短针
T	中长针

缝合示意图

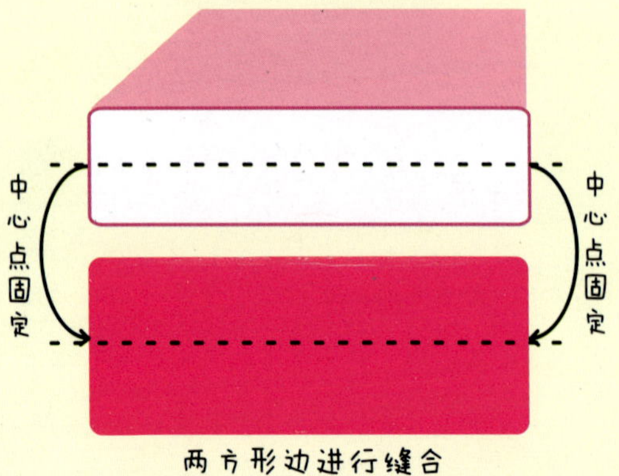

两方形边进行缝合

缝合说明：

首先固定鞋帮，将A边与B边对齐，点与点对齐，正面向上，用毛线缝针打结或珠针固定好。

再缝合鞋帮与鞋底。纵向对折鞋底，选中两端的中心点，用鞋帮的横切向对折的中心点对准其中一点，作为后跟；鞋A边与B边的中心点对齐鞋底的另一中心点作为鞋子的前端的中心，两个点用毛线打结或珠针固定，最后将两部分正面向内，反面向外，用毛线缝针沿边缘缝合，注意松紧要均匀。

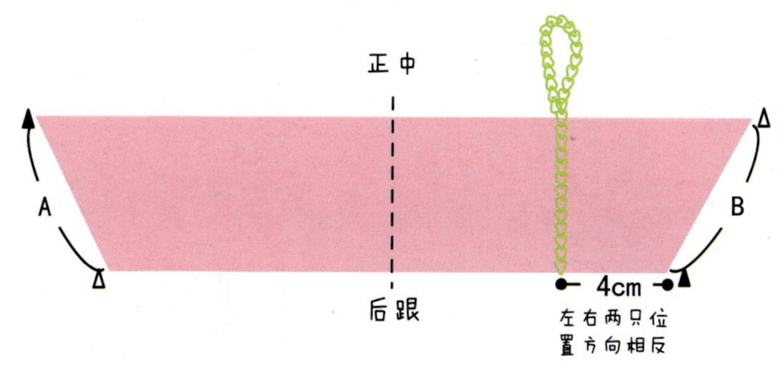

鞋帮编织图

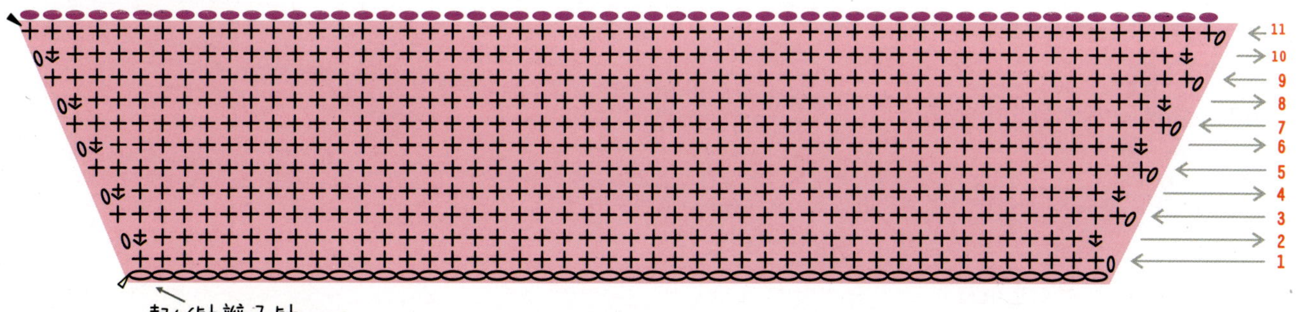

鞋底编织图

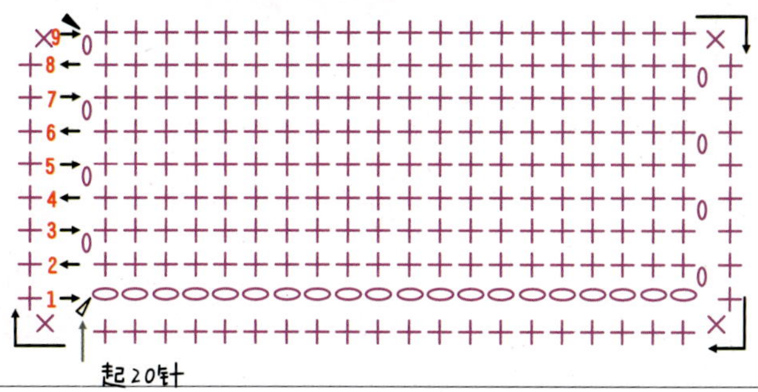

装饰小花编织图

酷娃娃四季鞋

中医学认为，人的足底有很多穴位，所以鞋子直接关系到宝宝的舒适与健康。

还不会走路的宝宝足底娇嫩敏感，适合穿柔软透气且保暖的鞋子，手工编织的针织鞋就非常适合这个阶段的宝宝，它不仅具有上述的特点，而且绝对不会挤脚，不管是鞋底还是鞋帮都非常柔软。

酷蛙蛙四季鞋

制作详解

【工具】

2.0mm钩针；
13号棒针；
手缝针；
毛线缝针。

【材料】

A：天蓝色中粗奶棉25g；
白色、红色线少许。
B：草绿色中粗奶棉25g；
白色、红色线少许。

【辅料】

8mm黑色纽扣每款各4枚。

【编织要点】

这是一款钩织结合的宝宝四季鞋，适合男女宝宝在春秋季穿着。

编织从鞋底的中心开始，起辫子针16针，围绕辫子针进行环形编织，使用的针法为中长针，第1至第4行的环形编织在两端添针扩展，使鞋底成为长椭圆形，第5至第8行针数不增减，第9至第15行为鞋面。

鞋口换用棒针进行编织，挑针的密度为1针钩针中长针针眼内挑棒针1针，编织花样为单罗纹花样，共织6行，然后断线收针。

青蛙的眼睛用白色线钩织，眼睛的黑色部分为黑色纽扣，一双鞋需要4枚，左右各2枚。

最后，用毛线缝针穿红色线在鞋面中央的位置绣上青蛙的嘴巴，一只鞋子就全部完成了。

实物尺寸

钩针符号说明

符号	说明
○	辫子针
+	短针
T	中长针

配色示意图

A款

B款

鞋口编织图

使用棒针编织，一周的针数为40针，共编6行

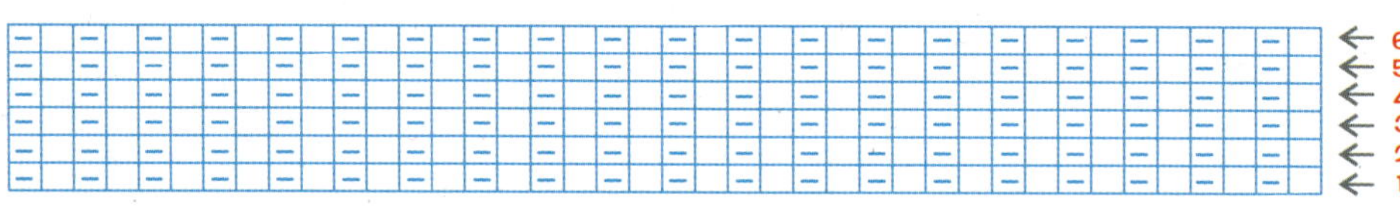

鞋底及鞋帮编织花样

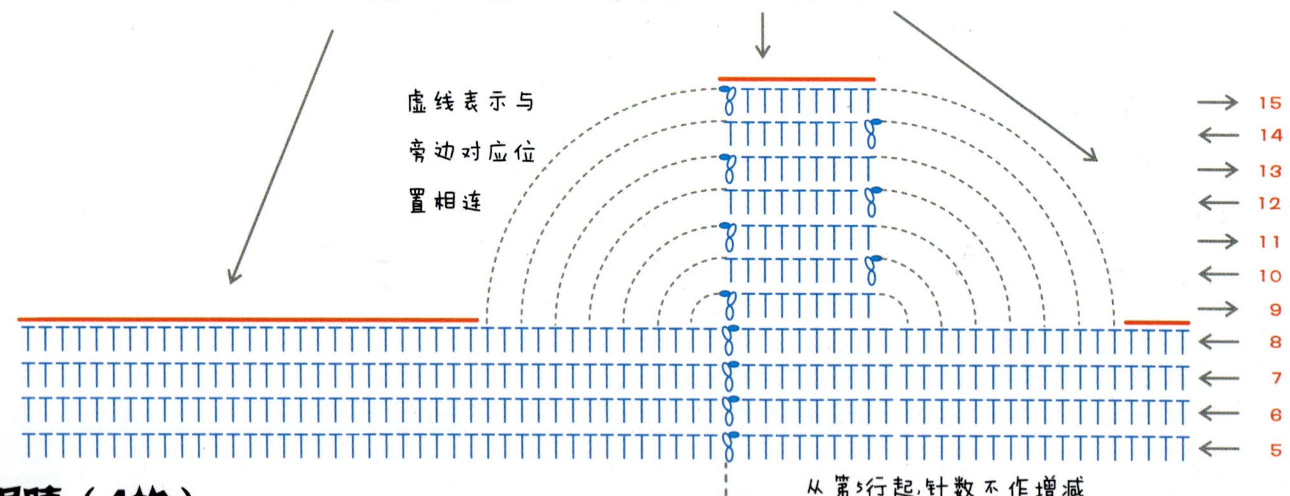

从第5行起，针数不作增减

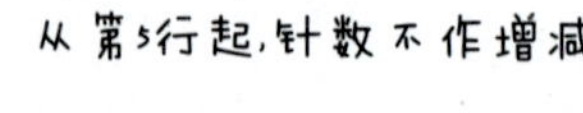

青蛙眼睛（4枚）

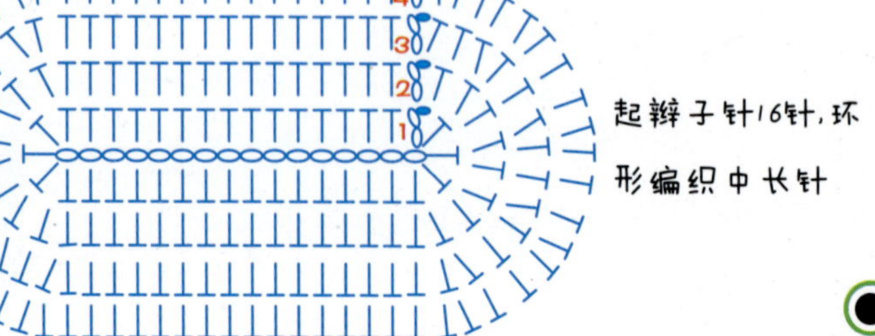

起辫子针16针，环形编织中长针

眼睛配色示意图

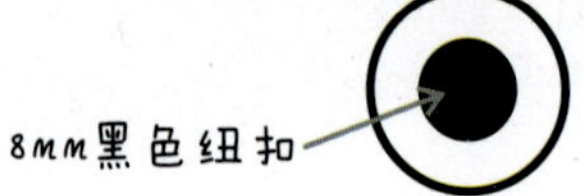

小熊背心

小绅士般的黄色领结小熊，配以深浅的蓝色显得格外俏皮可爱，在春秋季节里，穿着让宝宝更帅气！

小熊背心

制作详解

【工具】

12号棒针；

2.0mm钩针；

毛线缝针。

【材料】

淡蓝色中粗奶棉45g；

深蓝色中粗奶棉15g；

黄色、淡黄色线少许。

【辅料】

椰壳纽扣4枚；

黑色纽扣2枚。

小熊编织图

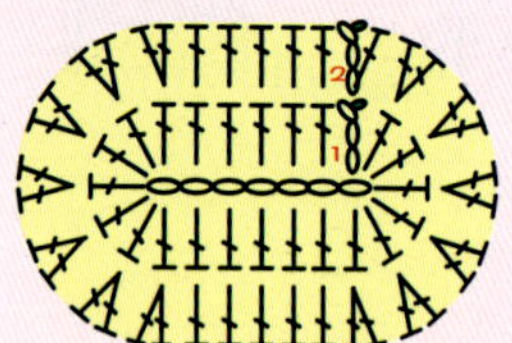

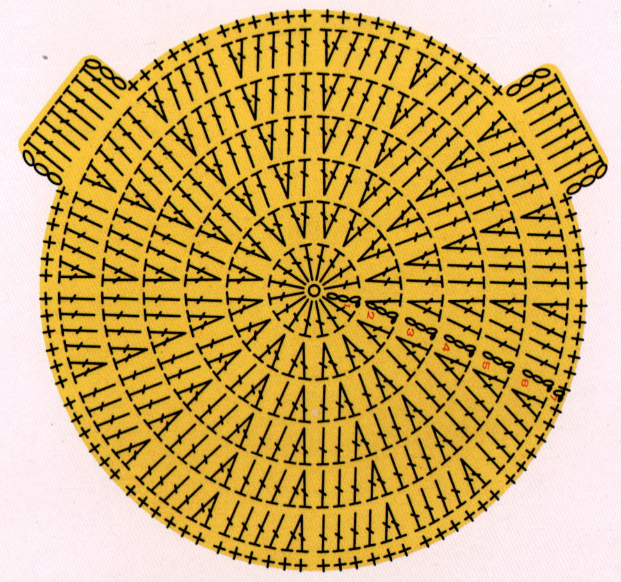

钩针符号说明

符号	说明
○	辫子针
+	短针
T	中长针

【编织要点】

这是一款棒针编织的前开式背心，主要采用平针和来回针。

背心分三部分，左前片、右前片和后片，衣身的主要部分使用平针进行编织，下摆边缘、领部边缘和袖窿边缘使用来回针编织并且换深蓝色线。袖窿和领口收针成圆弧形，三部分分别编织完成以后，对应位置缝合起来，再分别挑起织领部的边缘、袖窿边缘及前开门襟。门襟的边缘需要预留扣眼。

装饰小熊是用钩针编织的，按图示部分编织好以后，缝合起来，并钉上眼睛，绣上嘴巴，固定在背心的后片。

最后，钉上门襟上的椰壳纽扣，背心就完成了。

实物尺寸

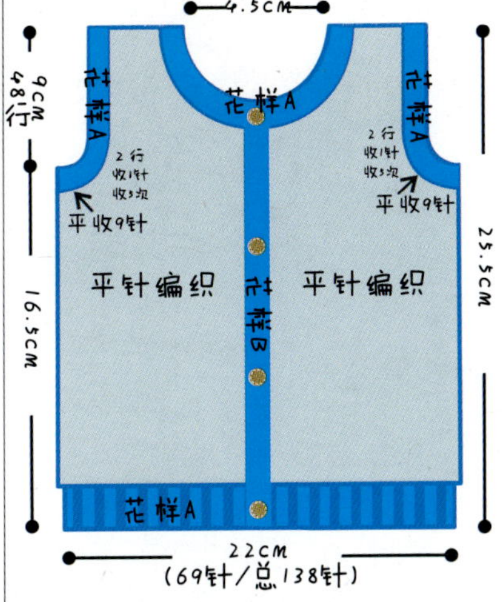

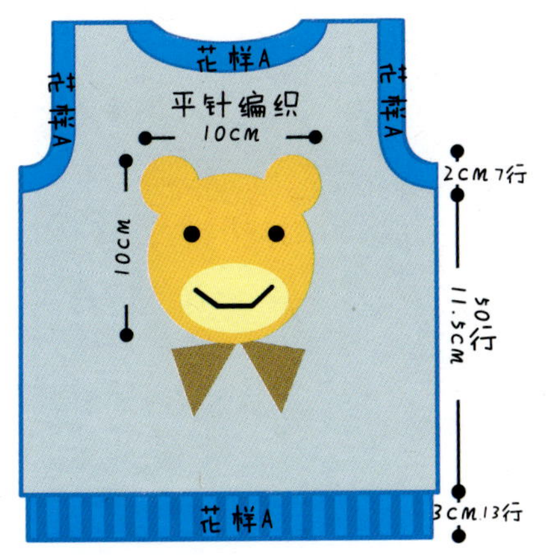

领部及袖部收针图

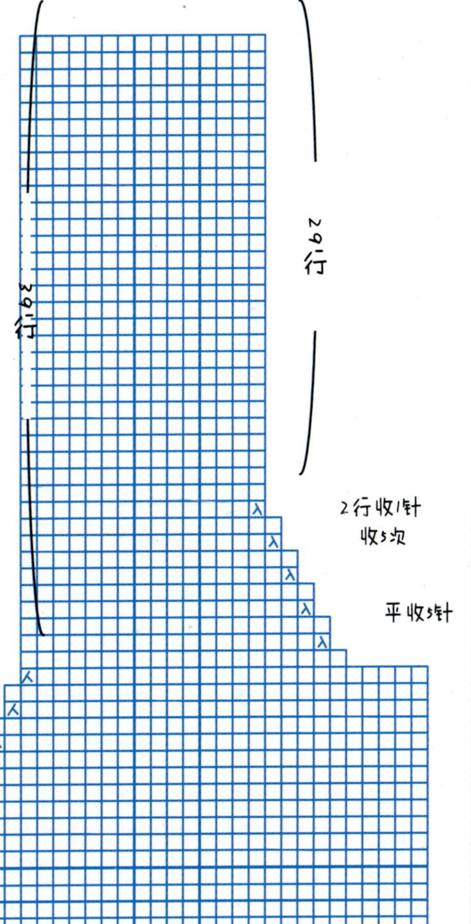

花样A

用于下边、领口、袖窿

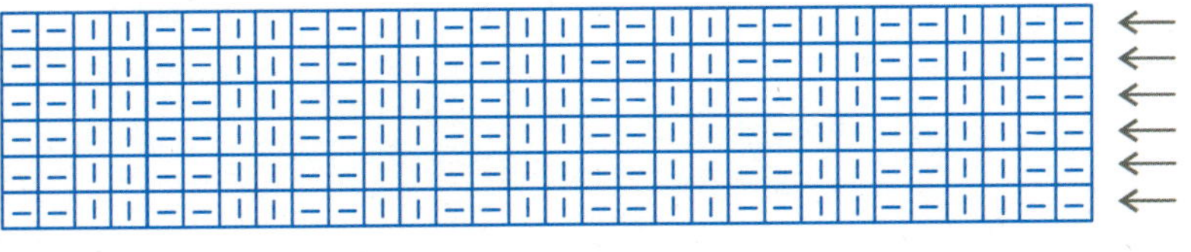

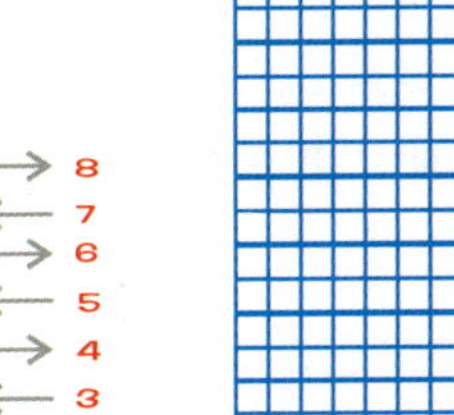

花样B

用于门襟花样，共挑起63针，左边预留扣眼

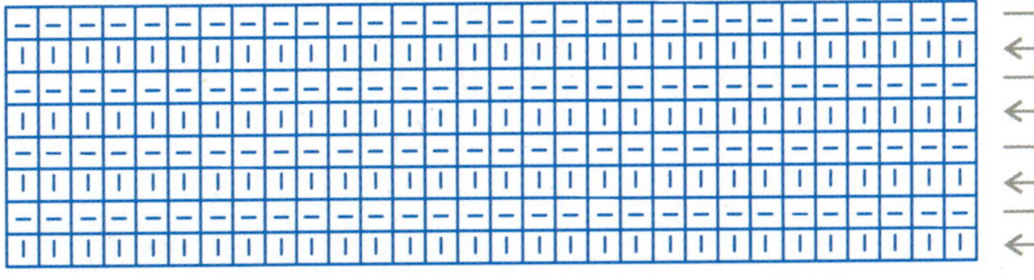

钩花宽檐小帽

春天为小公主准备一顶薄帽，帽檐还可以遮蔽阳光的照射，活泼的钩花宽帽檐让小公主显得特别可爱，更彰显高贵的气质。

钩花宽檐小帽

制作详解

【工具】

2.0mm钩针。

手缝针。

【材料】

A：白色中粗线35g；

红色丝带1根。

B：粉色中粗线35g；

白色纱带1根。

实物尺寸

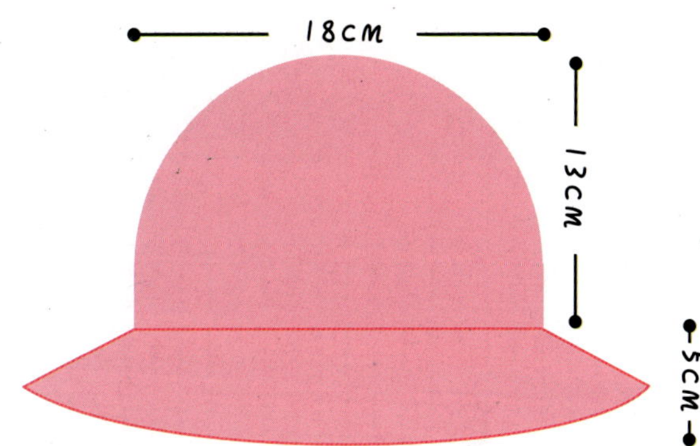

【编织要点】

这是一款适合春秋两季佩戴的使用钩针编织的女宝宝帽，帽身整体采用长针编织，帽檐采用了花样编织，两部分相互搭配，相得益彰，不但帽体线条优美，而且宽檐有利于遮光。

编织是从帽顶的中心开始的，中心环起长针16针，然后每一行增加16针，增至96针时不再进行加针，继续编织7行，再织一圈短针，接着编织2针长针1针辫子针，一圈后再编织一圈短针，最后编织的是帽檐。帽檐一共6行，长度也为5cm，具体针法可见编织图，帽檐的第1行比较紧密，随着后面的编织圆周的长度加大，使帽檐部分显得起伏，整个帽子也因此变得灵动起来。

帽子整体编织完以后，用一条丝带从帽檐上边的空格的长针位置穿过，不要太紧也不要太松，正好帽子宽度，然后用多余的2根带尾系成一只蝴蝶结，系好以后，可以用手缝针在背面轻轻地固定一下，以防脱落。

钩针符号说明

○ 辫子针

+ 短针

Ŧ 长针

组合针法，在1针内按序分别钩长针2针，辫子针1针，长针2针

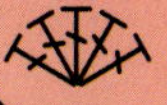

组合针法，在1针内分别锁5针长针，形状同扇形

编织图

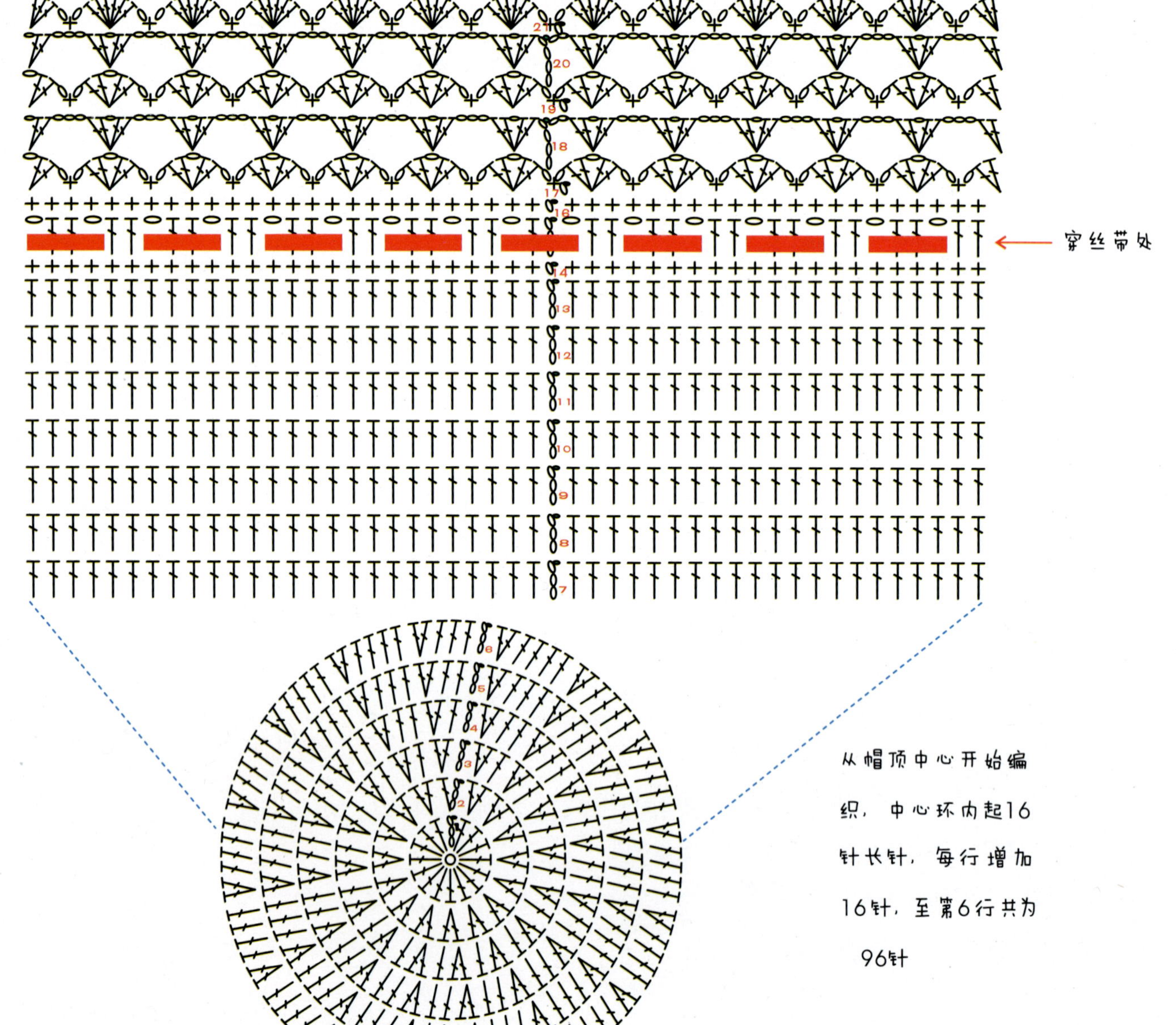

从帽顶中心开始编织，中心环内起16针长针，每行增加16针，至第6行共为96针

时襟粉色背心

粉色是小公主的最爱，粉色的袖袖里露出若隐若现的蕾丝一样的白色波纹边，更是小公主的最佳选择，春天的时候，也为你家的小公主织上一件吧！

对襟粉色背心

制作详解

【工具】

12号棒针；
2.0mm钩针；
毛线缝针；
手缝针。

【材料】

粉色中粗奶棉55g；
白色中粗奶棉少许。

【辅料】

仿珍珠纽扣2枚。

【编织要点】

这是一款使用插肩袖编织方法编织的女宝宝穿着的背心，点缀了白色小波浪花边和小钩花纽扣，突显了小女孩的温婉可爱。

起针是从领部开始的，按比例分成4份，由于是开衫设计，将前面的1份平均分为2份，添针的幅度为左右两边每2行各添1针，加到袖窿一半的高度时，袖部的2份收针停止编织，只编织片前片后片的部分，编织完袖部高度以后，把前片后片连接起来编织，不再加针或收针，继续编织衣身，直至编织到要求长度。

编织完主体以后，用粉色线钩领部、门襟及下摆部分的花边，用白色线钩袖部的花边，具体钩边的位置可参见编织图。

最后，钉上小花和纽扣，背心便全部完成了。

实物尺寸

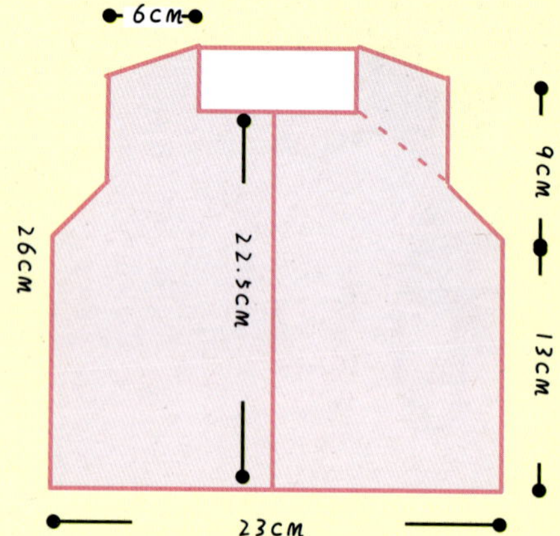

钩针符号说明

符号	说明
○	辫子针
+	短针
Ŧ	长针

门襟小纽扣小花编织图

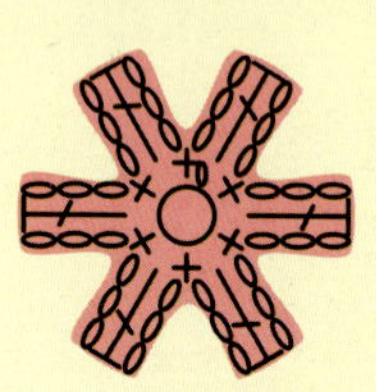

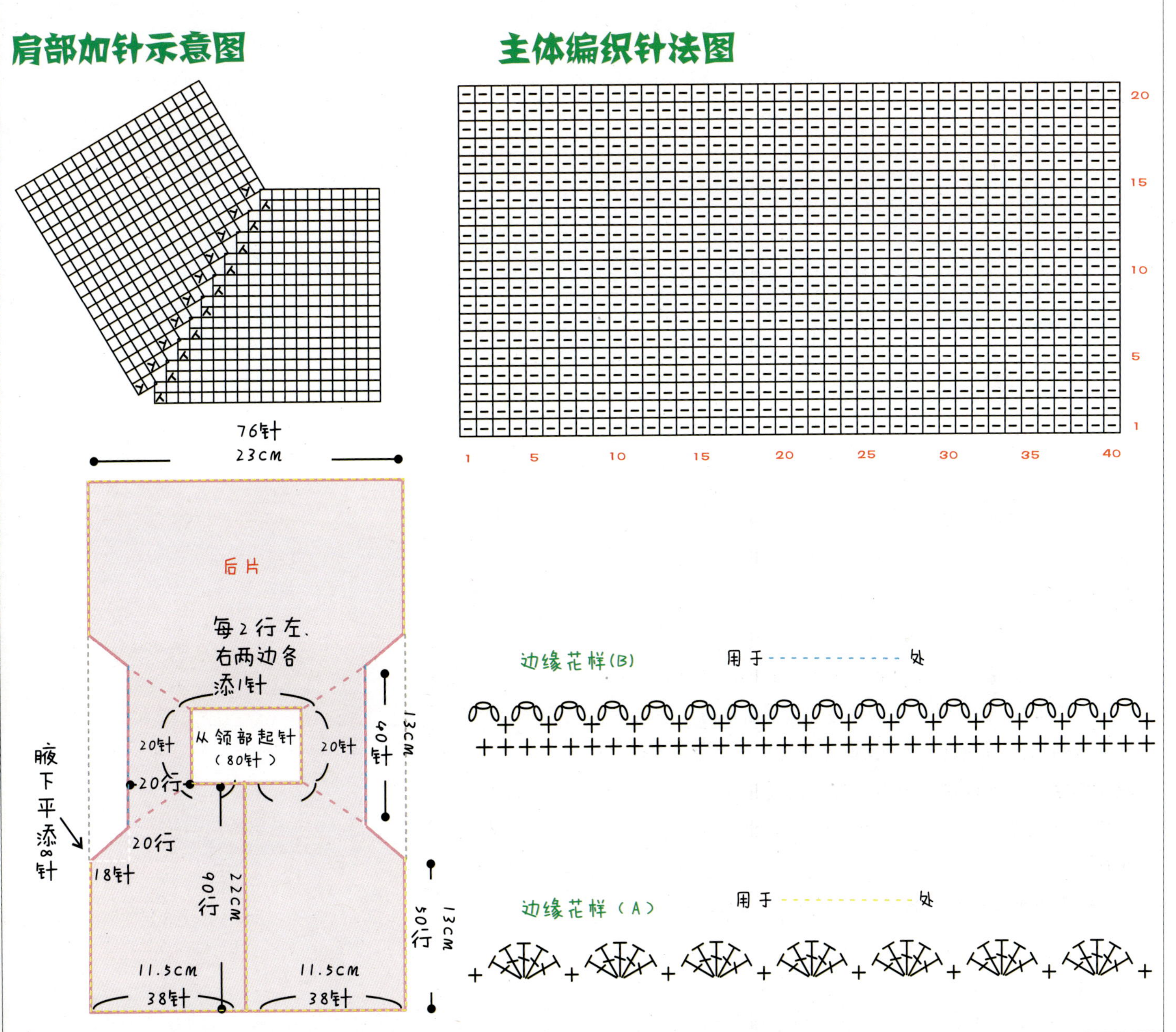
肩部加针示意图
主体编织针法图
1
5
10
15
20
25
30
35
40
76针
23CM
后片
每2行左、
右两边各
添1针
从领部起针
（80针）
20针
20针
40针
13CM
腋
下
平
添
8
针
20行
20行
18针
90行
22CM
50行
13CM
11.5CM
38针
11.5CM
38针
边缘花样(B)
用于 处
边缘花样（A）
用于 处

方块花形四角帽

洋气的四角帽，精致、有趣的拼花，是这款帽帽的亮点，两边角上的穗子让平直的帽体不显呆板，是很时尚的选择哦！

方块花形四角帽

制作详解

【工具】

13号棒针；

2.0mm钩针；

手缝针。

【材料】

A：蓝色中粗奶棉20g；

黄色中粗奶棉15g；

B：草绿色中粗奶棉20g；

白色中粗奶棉15g。

【编织要点】

这是一款钩织结合的四角帽，适用于新生至周岁左右的男宝宝。整体的风格俏皮大方，色彩清新明亮，帽体有镂空的设计，透气性好，多用于春秋两季，针对气温时冷时热变化有很好的适应性。

帽的主体分钩织两部分。帽体部分采用钩针编织，由12片相同织法的单元花构成，利用了颜色的巧妙搭配，突出了亮丽的色彩；帽檐部分采用了棒针编织的方法，用主色线在拼合后的帽口部分挑起，进行单罗纹花样的编织，需要注意的是挑针的密度，这直接关系到完成后的效果，请留意图解里对应的针数。

还有一部分就是帽体上端两角的穗子。用编织剩余的毛线，做成两个毛线穗，将穗子上端系的线留10～15cm长，穿过帽子两角，在帽子侧面打结固定，并将线头藏好。

实物尺寸

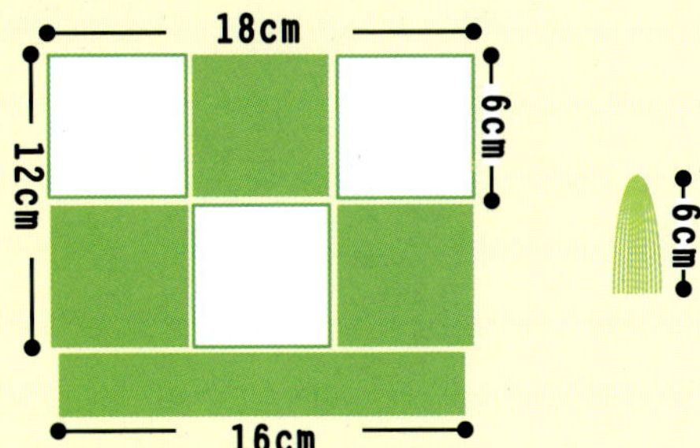

钩针符号说明

符号	说明
○	辫子针
+	短针
⊤	长针

B款配色及安装示意图

基本单元花编织图

3
2
1

A款配色示意图

正面

背面

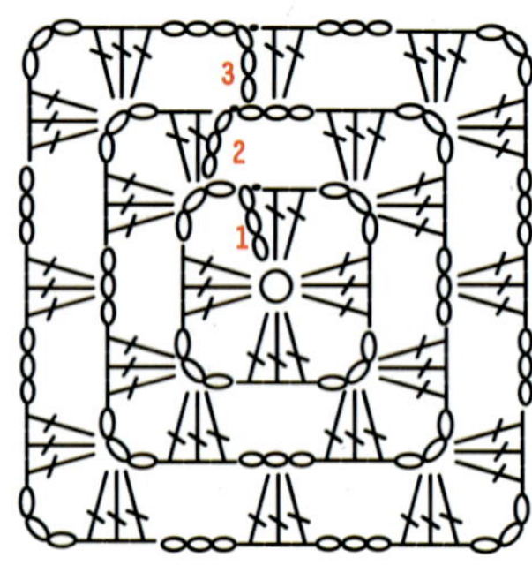

整体编织图

帽边缘部分进行棒针的单罗纹编织
C
D
A
B
同字母的边相拼接
A
B
同字母的边相拼接
C
D

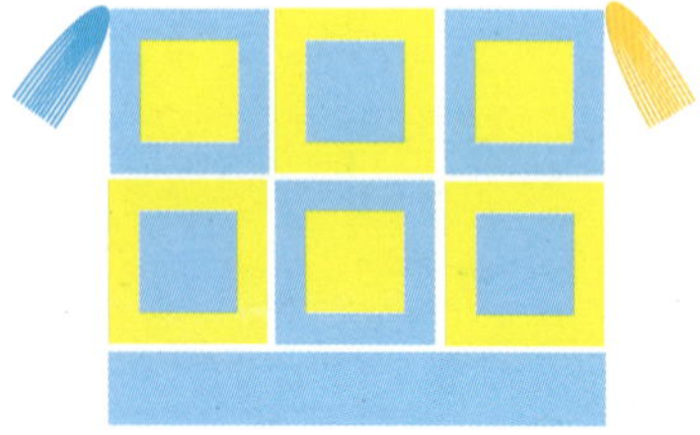

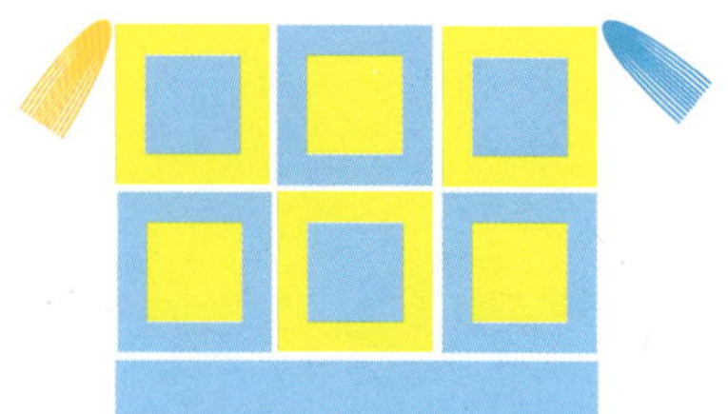

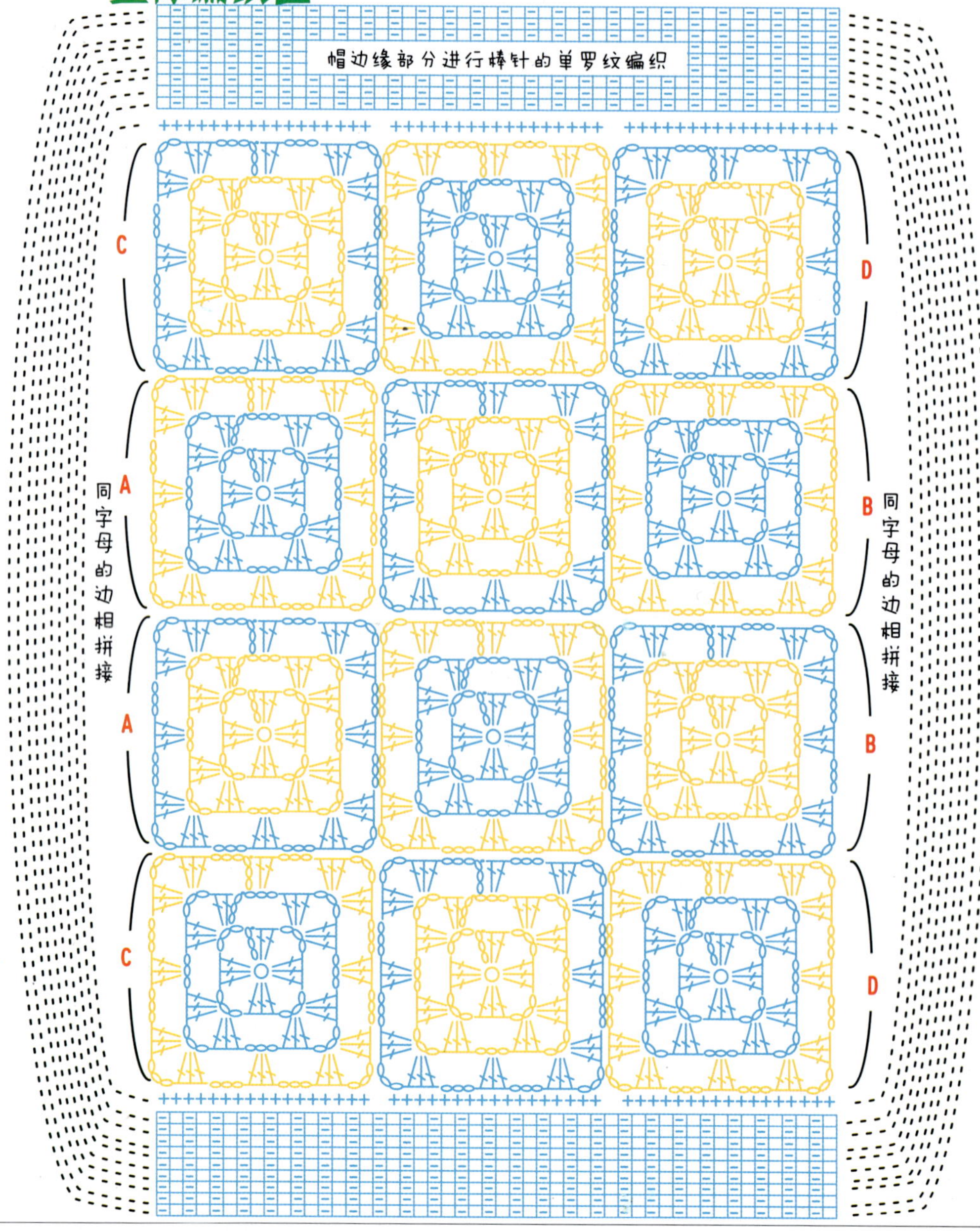

俏皮工装线裤

一款别致的开合两用裆的小小工装裤，特别适合周岁内的小宝宝，男宝宝穿上英俊帅气，女宝宝穿上英姿飒爽，还可以尝试更多的色彩哦！

俏皮工装线裤

制作详解

实物尺寸及编织示意图

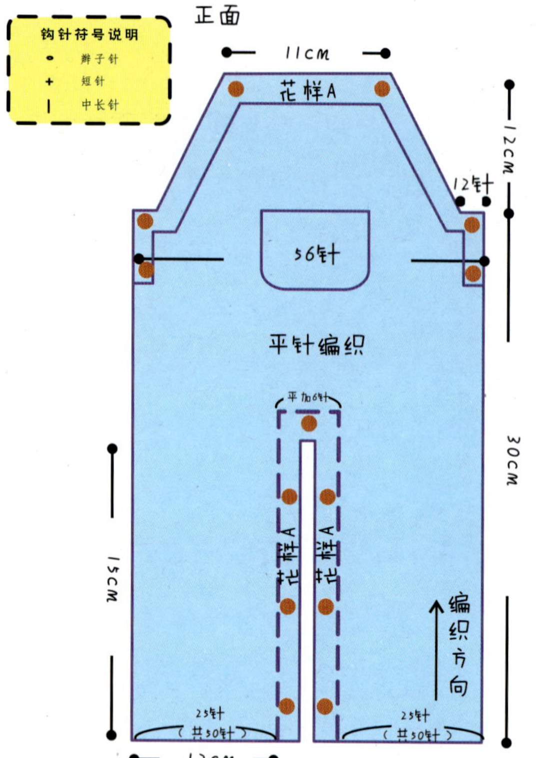

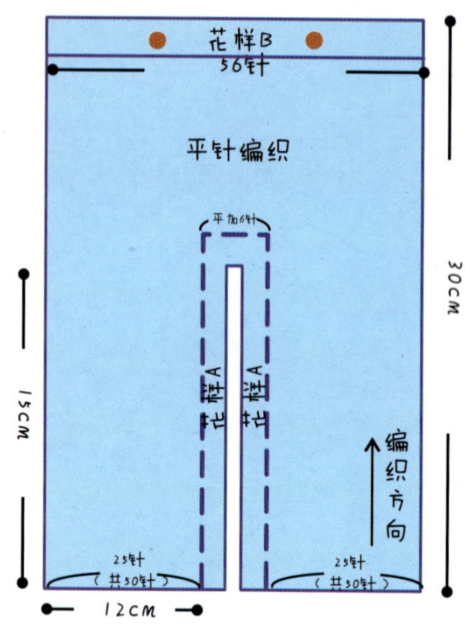

【工具】

12号棒针。

【材料】

粉蓝色中粗奶棉180g；

天蓝色中粗奶棉少许。

【辅料】

纽扣15枚。

【编织要点】

编织是从下向上的，首先分别编织两条裤腿，编织裆下部位后将两腿合并起来环形编织，两片的两个连接部位各平添6针。整体向上编织10 cm左右后分成两片，分的位置与之前两腿合并的位置十字错开，分片的两个分口片重叠挑起7针。后片的部分向上编织到后背中间的位置后织单罗纹针后收针。前片胸前的部分编织要复杂一些，在与后片收针平齐的时候两边平收12针，然后再两边每两行收1针。编织后的成品是一个梯形，在编织的过程中连带编织织片的边缘，使边缘更挺括一些，而且需要按图示在编织过程中预留扣眼。最后，编织两条单罗纹花样的背带，钉在相应的位置，并把前胸的口袋缝上，用天蓝色线作线迹装饰。

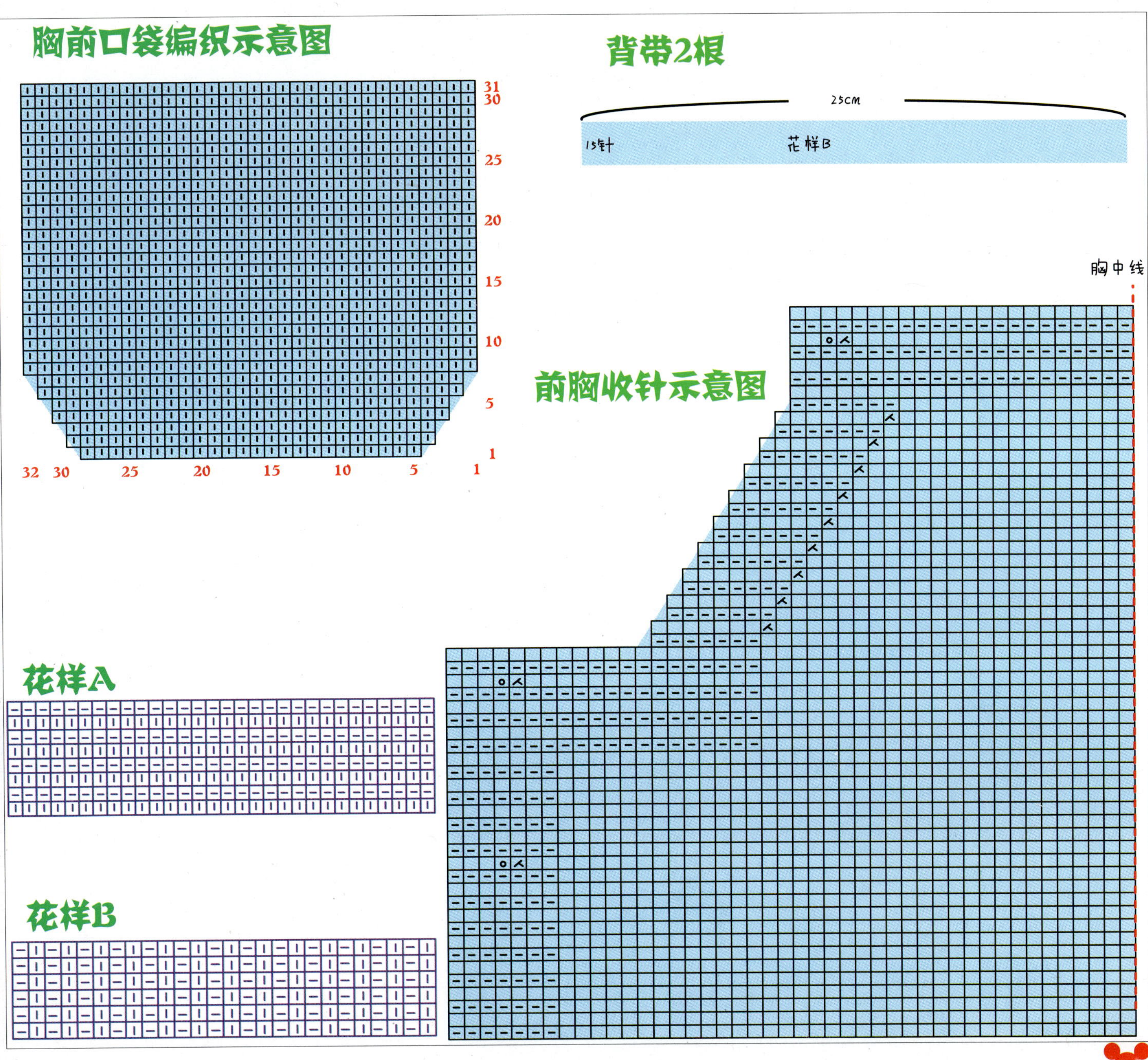

胸前口袋编织示意图
31
30
25
20
15
10
5
1
32 30 25 20 15 10 5 1
背带2根
25cm
15针
花样B
胸中线
前胸收针示意图
花样A
花样B

蕾丝花小披肩

甜美的蕾丝花小披肩，精致细腻，可以搭配衬衣、毛衣、外套，既可以保暖，还可以起装饰的作用。普通的衣服可以因为这样一个简单的搭配立即变成亮丽的风景，是每一个小公主的必备品哦！

蕾丝花小披肩

制作详解

【工具】

1.5mm钩针。

【材料】

白色中细线40g。

【辅料】

丝带1根。

【编织要点】

编织从颈部开始。起辫子针，按图示编织花样，编织两轮后加针，再编织两轮后再加针，又编织两轮后第3次加针，加针的幅度和花样图解有详细介绍。然后就编织边缘的弧形花样，第1层编织完以后，用波浪针连接弧形花样前的位置，编织几行波浪针以后，再次编织边缘弧形花样，这样就形成披肩的第2层。最后沿所有的边缘钩一圈边缘花样。

钩针符号说明

∘	辫子针
+	短针
T	中长针

实物尺寸

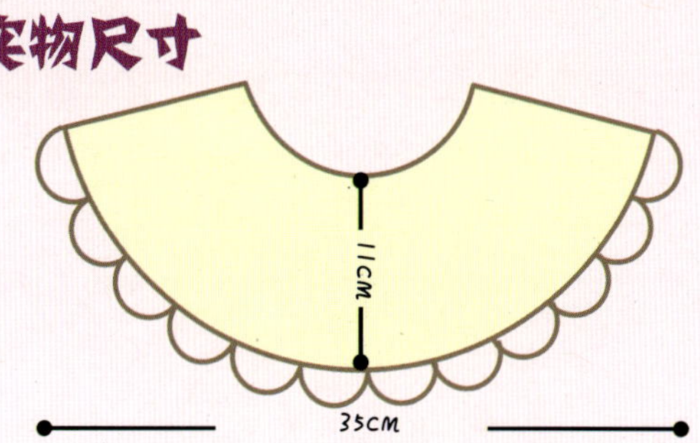

编织新风向

左手带线编织法

一种新的方法——左手带线编织法，该编织法优点如下：

1.左手带线而不是挂线，这样就省去了右手需划弧绕线的时间，因此，至少可提高1/4左右的编织速度。

2.由于是左手直接带线，编织时只有两只手在动，而不需小臂再做频繁激烈的运动，因此还可大大降低体能消耗，所以就可降低劳动强度。为此，便可称之为节能型编织方法。

3.由于是左手在针上直接带线，织正针、反针同样可容易地掌握带线的松紧度，并且编织出来的产品，其平整度和松紧度都非常均匀。

4.由于正针、反针的带线方式相同，编织花样时或几种彩色线搭配时，效果更佳。

5.假如您既会左手又会右手（传统编织方法）编织的话，左手带一条线，右手带一条线，左右手先后一起编织，两条线互不干扰。这是传统的右手带线方法所不能实现的。

披肩编织图

小熊条纹开衫

蓝白相间的条纹总是格外清新，配上小熊金黄的色彩立即变得跳跃起来，钩针的花样比较透气，适合宝宝在春秋季节穿着，黄色的小熊纽扣也很俏皮哟！

小熊条纹开衫

制作详解

【工具】

2.0mm钩针；

毛线缝针。

【材料】

淡蓝色中粗奶棉100g；

白色中粗奶棉50g；

黄色中粗奶棉少许；

小熊纽扣5枚。

【编织要点】

这是一款钩针编织的宝宝衫，适合男女宝宝穿着。

衣服采用了蓝白两色交错编织，编织呈条纹状，在前片的左右两边各贴一个钩制的小熊作为装饰，纽扣也采用了俏皮的小熊纽扣，颜色选用了与贴绣小熊同样的黄色。

织物的主体是整体编织的，到腋下的时候分为后片、左前片和右前片。袖子是从袖窿部分直接挑起来织的，边缘用白色线另外编织。

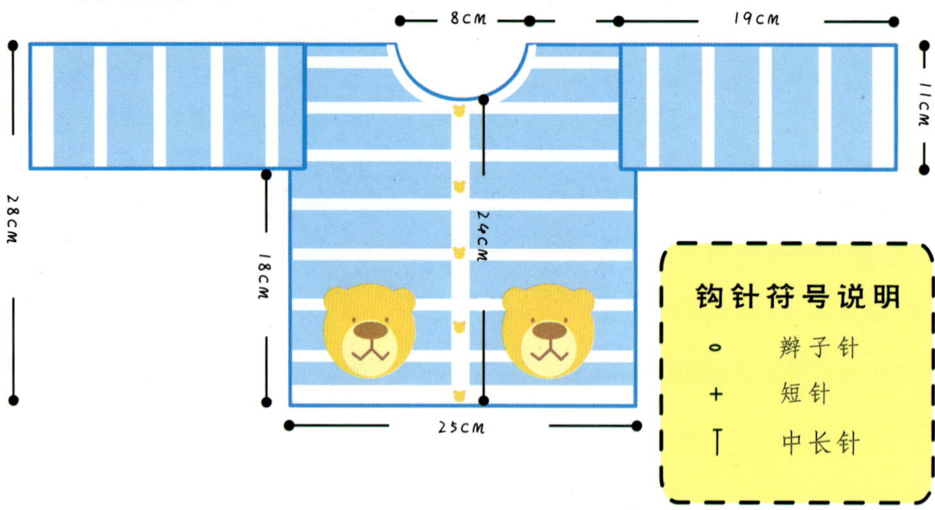

小熊编织图

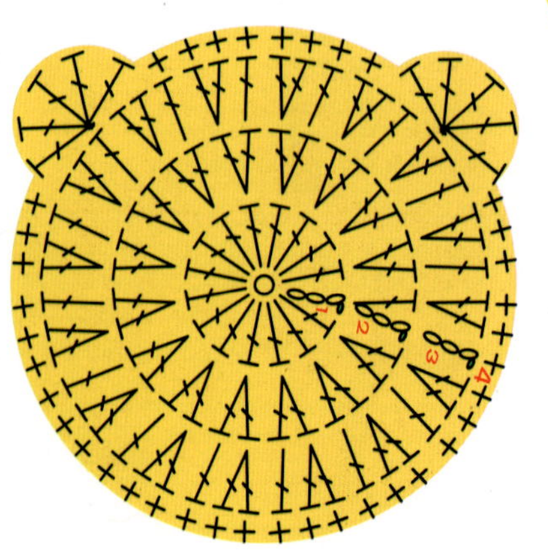

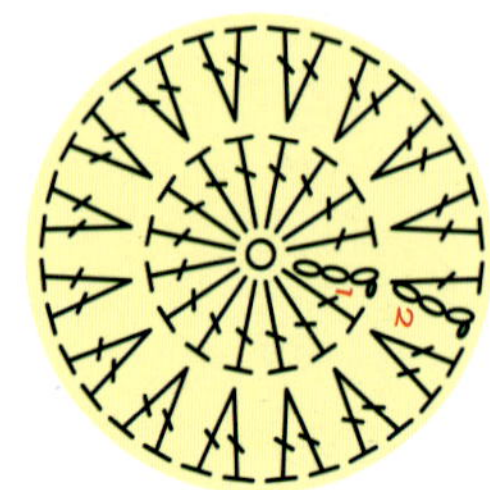

边缘编织花样

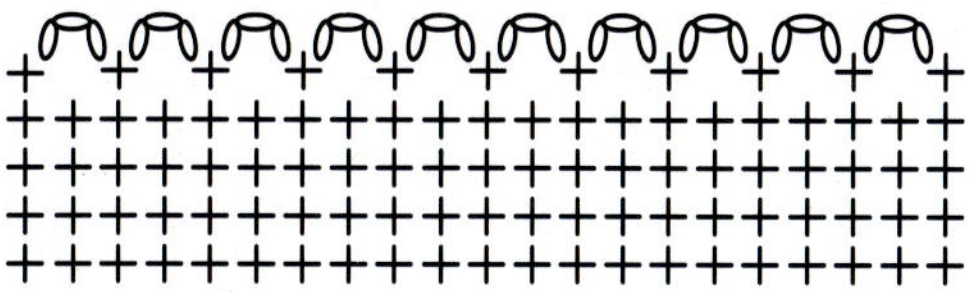

整体编织示意图

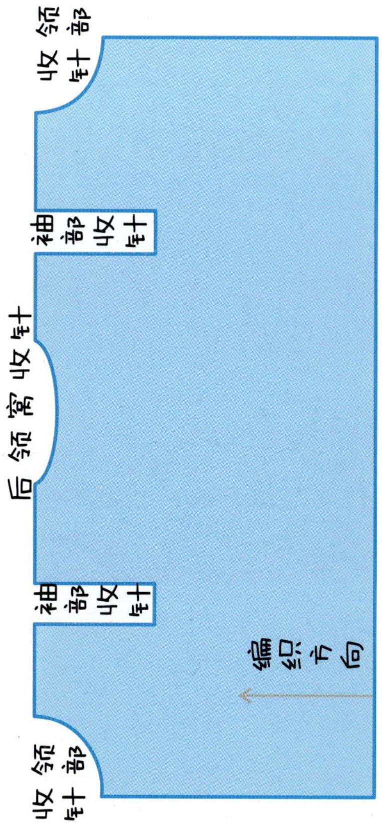

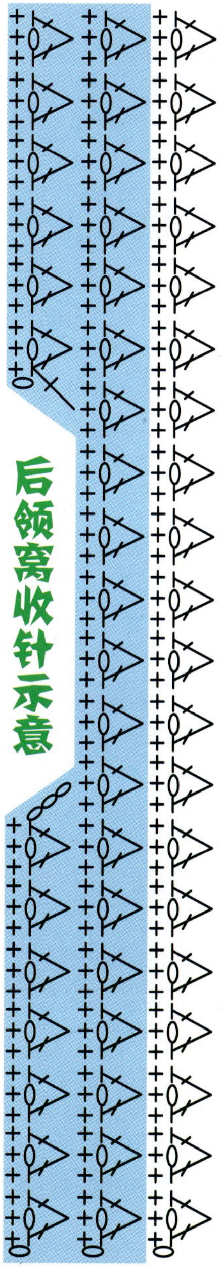

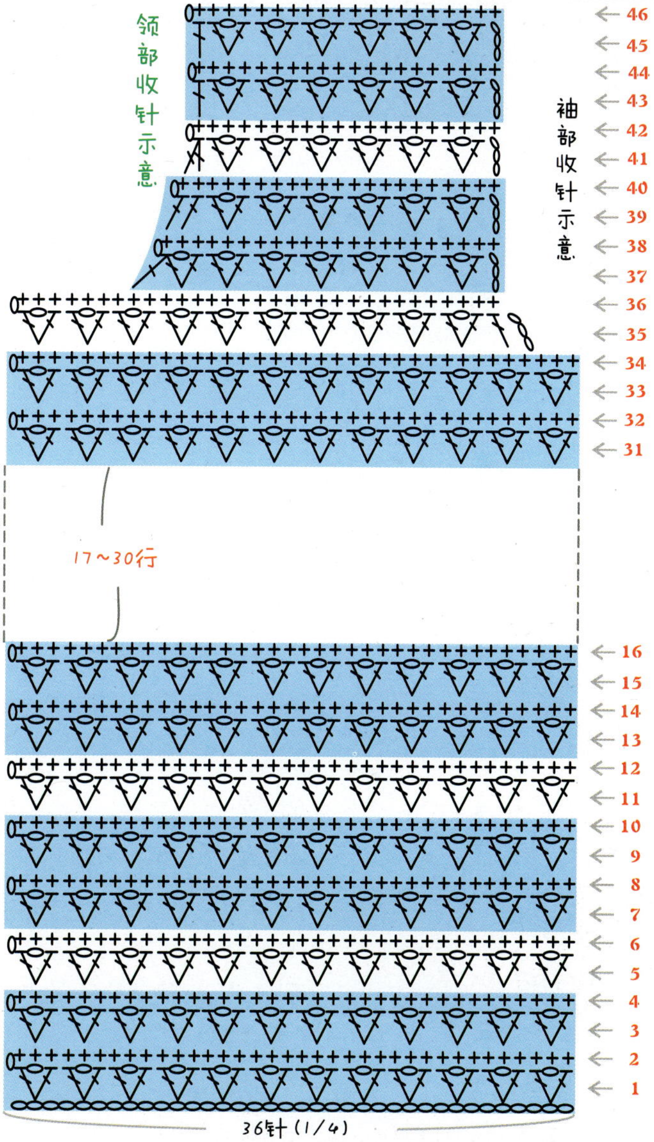

后领窝收针示意

领部收针示意

袖部收针示意

前片、后片一起起针，总针数为138针，示意图为前片部分，腋下到下摆部分编织是相同的，腋上部分由袖部收针和领部收针组成，可参见编织示意图。

绞花圆角小外套
普通的绞花搭配下摆圆弧形的设计，伊然一件婉约的小洋装，含蓄的圆角和翻领遥相呼应，春暖花开时，宝宝穿着它就如那时未开的花蕾！

绞花圆角小外套

制作详解

【工具】

12号棒针；

手缝针。

【材料】

玫红色中粗奶棉160克。

【辅料】

仿珍珠纽扣 3枚。

实物尺寸

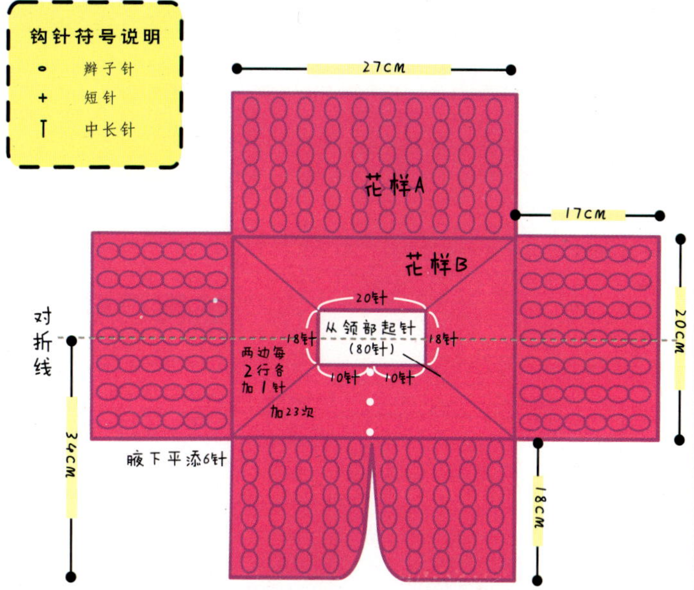

门襟、领、下摆、袖口边缘花样

【编织要点】

这款圆角小外套，是一款很淑女的小外套，适合春秋季穿着。在编织方法上同时使用了钩针编织和棒针编织。

衣服的编织是从领部开始向下编织。首先起80针，分成4份，每份中间留1针，在这一针的两边每2行添1针，各加23次。织到腋下的时候，分出袖部和衣身部，分开的时候在袖部和衣身的两边腋下各平添6针。然后分别编织袖部和衣身部，袖部和衣身部的花样是绞花花样，袖部从腋下到袖口长17cm，衣身部分从腋下到下摆长18cm。衣身的前面两个下摆角，通过收针修饰成圆角形，收针的幅度是每2行收1次，左右各收16次。

领的部分是从领部起针处挑起来编织的，编织的花样是来回针，一共编织19行，在领部的两角通过收针修饰成为圆弧形，两边各收4次。

衣服的棒针编织部分完成以后，就进行钩针编织部分，钩针编织部分就是对领部边缘、袖口部、门襟及下摆部进行边缘修饰，修饰的花样是扇形花样编织。

编织完在相应位置钉上仿珍珠纽扣。

进行绞花花样编织的织物会有一些收缩，可以用熨斗进行轻度的熨烫，这样可以使织物更加平整。

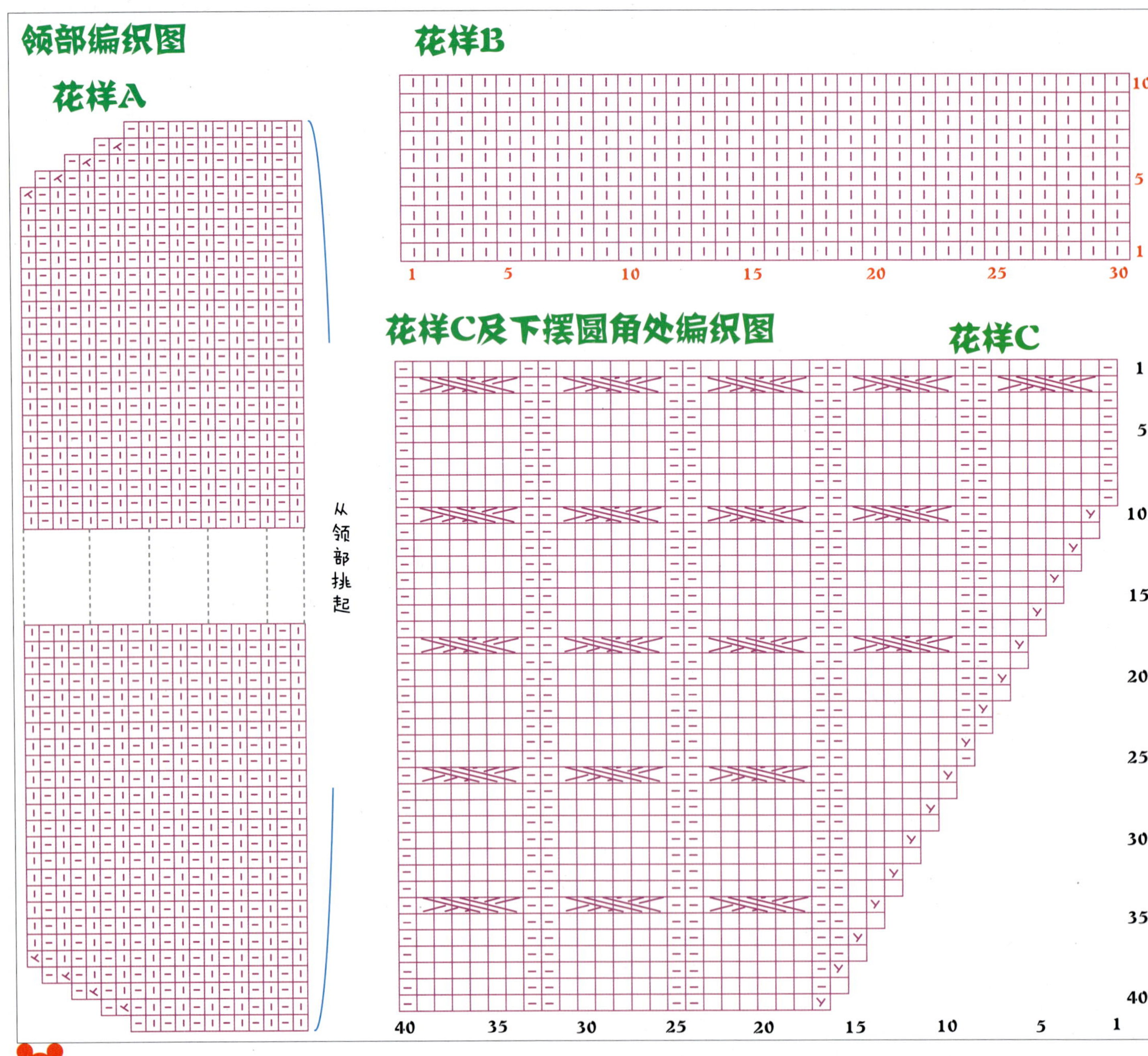
领部编织图
花样A
从领部挑起
花样B
10
5
1
1
5
10
15
20
25
30
花样C及下摆圆角处编织图
花样C
1
5
10
15
20
25
30
35
40
40
35
30
25
20
15
10
5
1

夏

孕妇基本常识之

友情提示

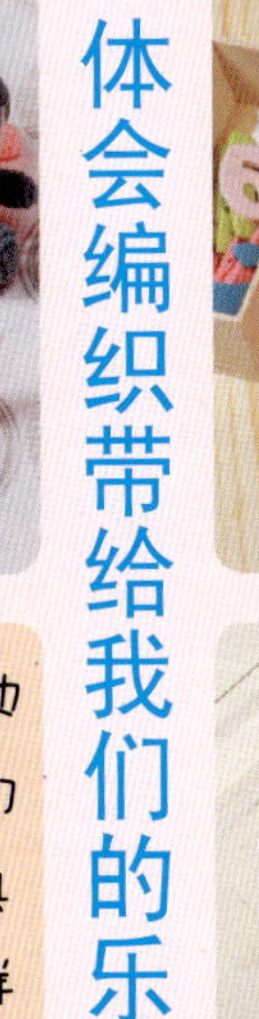

让我们编出精彩，编出味道，体会编织带给我们的乐趣！

秀秀自家的钩编达人才艺，展示一片爱心给未来的宝宝！

夏季的太阳紫外线照射强烈，准妈咪过度日晒对肚子里的宝宝十分不利。所以尽量少出门为好。

准妈咪容易流汗，夏天更是如此，所以勤洗澡是有好处的。但不要采取坐浴的方式，这种方式对孕妇不利，严重的会引起早产。

准妈咪可适度游泳。准妈咪是否可以游泳，应根据孕妇的体质决定。可以肯定的是，适当的活动是会给准妈咪带来好处的。

又是夏天了，街边树上的蝉鸣充满着我们的耳鼓，那是一种最真的享受，也就是在这样的季节，蝉才能唱出自己的歌。

多食苦味好处多，但不要吃苦瓜。苦味不仅能刺激准妈咪的味觉神经，增加食欲，还能促使胃肠运动，有利消化。

可爱圆形小肚兜

天气热起来，为宝贝准备一件凉爽透气的小肚兜是必不可少的，既舒适又能保护好宝贝的小肚肚不受凉！

可爱圆形小肚兜

制作详解

【工具】

2.0mm钩针。

【材料】

A：淡紫色奶棉20g；

B：淡蓝色纯棉线25g。

实物尺寸

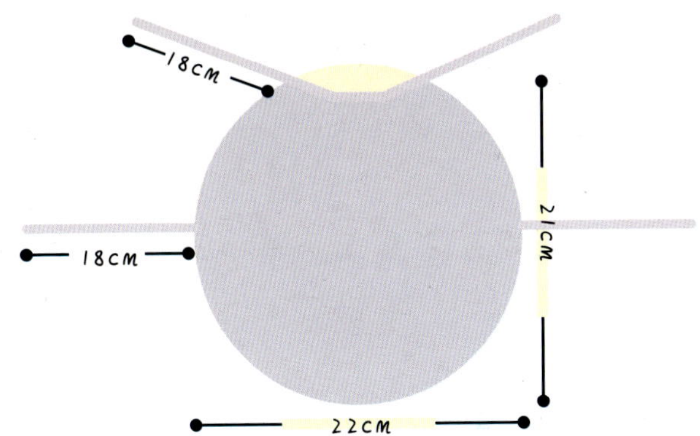

【编织要点】

圆形桌布是钩针作品中的经典类型，充分显示了钩针这种编织技法的各种特点，随着人们越来越个性的表达，有设计师将圆形桌布的花样用在更多的类型上，例如十分流行的桌布衣等。

这一款小肚兜的创意就是从桌布的花样来的。它基本上采用了桌布的花样，只在上方留出一块圆弧的空缺，并在颈部和腰部加上系带。

编织从中心开始，首先起10针辫子针的圆环，第2行从第1行圆环中钩出10针长针，每2针长针间隔2针辫子针，第3行在第1行的每针长针上钩出3针长针，每3针长针间隔2针辫子针，第4行在第3行的辫子针上钩出一个组合花样，每个花样中间隔5针辫子针，按照图解针法的介绍一直编织到第8行。第9行的花样不编织完一周，空出一小段，第10行将织物翻转过来往回织，后面2行继续这样织，就在颈部留出了一个圆弧形的小空缺，便于穿着时的方便。

圆形部分编织完以后，在适当的位置上织出系带，用于颈部和腰部的固定，这样，这款别致的小肚兜就全部完成了。

钩针符号说明

符号	说明
○	辫子针
+	短针
Ŧ	长针
ꝏ	狗牙拉针

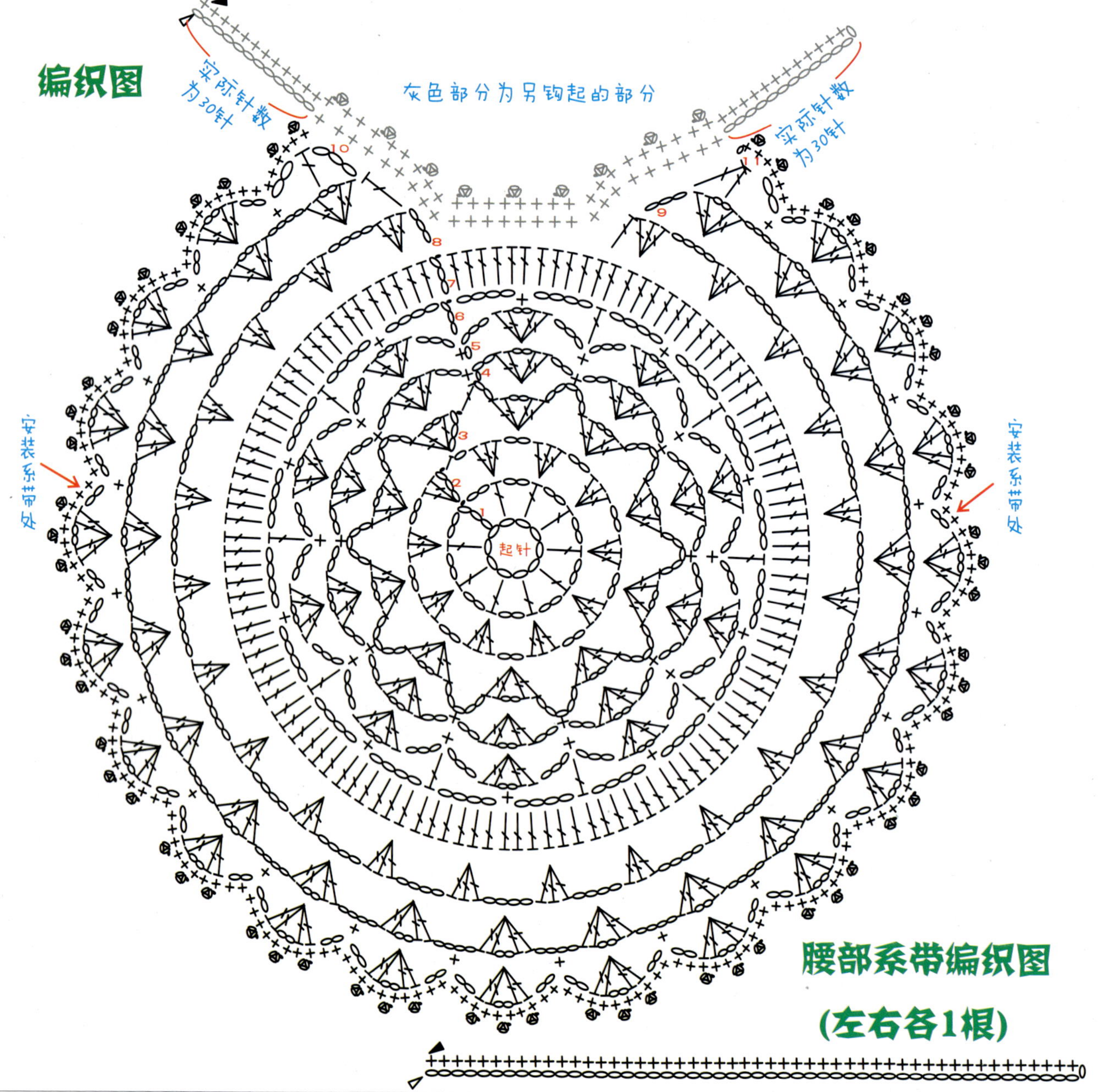
编织图
实际针数为30针
灰色部分为另钩起的部分
实际针数为30针
起针
处钉系带
处钉系带
腰部系带编织图
(左右各1根)

粉嫩雅菊小鞋、帽

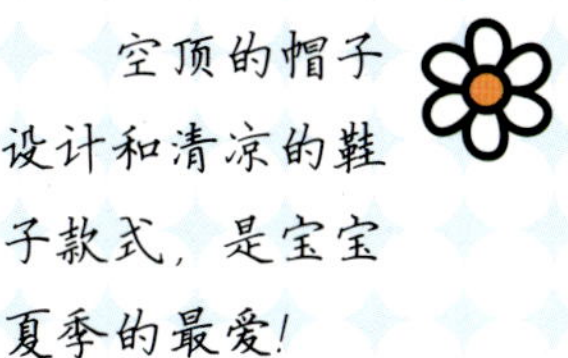

空顶的帽子设计和清凉的鞋子款式，是宝宝夏季的最爱！

粉嫩雏菊小鞋、帽

凉鞋制作详解

【工具】

2.0mm钩针；
毛线缝针；
定位珠针。

【材料】

淡粉色中粗奶棉20克；
白色、黄色中粗奶棉少许。

【辅料】

纽扣2枚。

实物尺寸

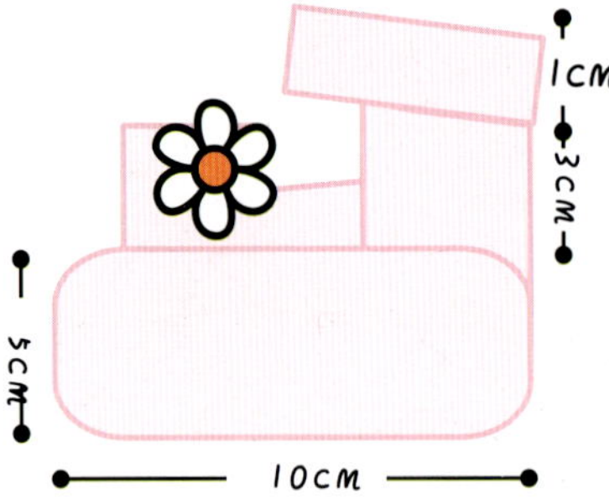

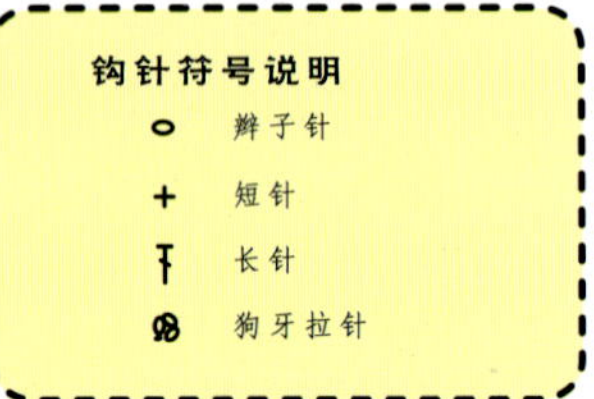

装饰小花编织图

（2枚）

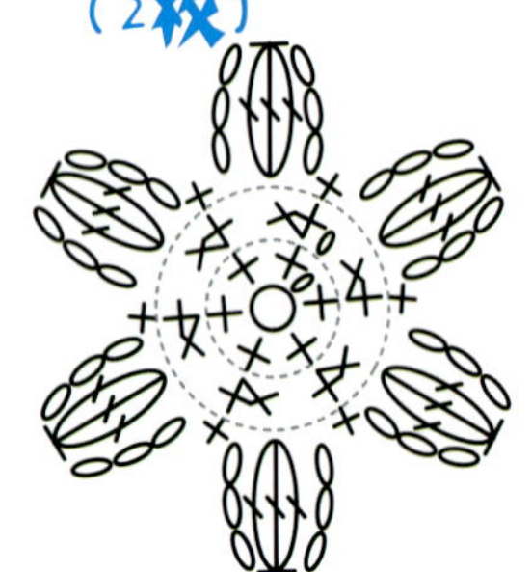

鞋帮编织图

鞋底编织图

（编织4片，每只由2片缝合）

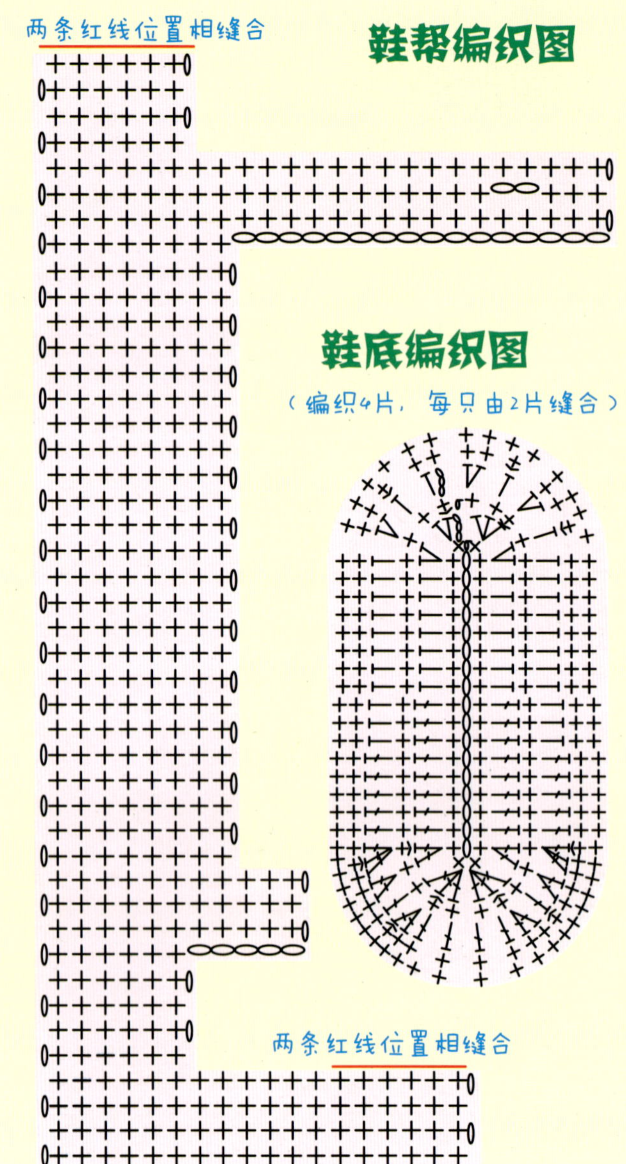

【编织要点】

凉鞋是用鞋底和鞋帮两部分缝合起来的。鞋底是两层，织片的背面相对进行缝合。再把鞋帮缝合在拼合好的鞋底上，注意位置要对齐，可以先用定位珠针固定，再用毛线针缝合。最后，把装饰小花缝制在鞋面上。

粉嫩雏菊小鞋、帽

帽子制作详解

【工具】

2.0mm钩针；

毛线缝针。

【材料】

淡粉色中粗奶棉20g；

白色、黄色中粗奶棉少许。

【辅料】

纽扣2枚。

实物尺寸及成品效果图

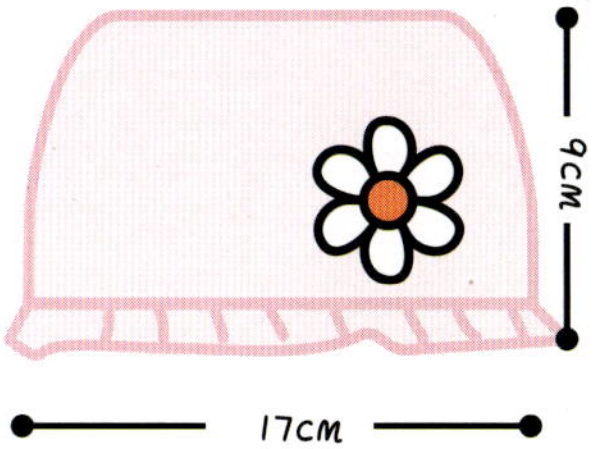

钩针符号说明

符号	说明
o	辫子针
+	短针
⊤	长针
֍	狗牙拉针

装饰小花编织图

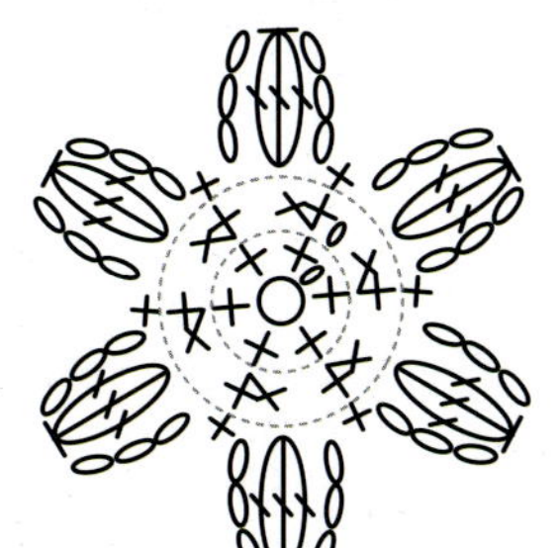

编织图

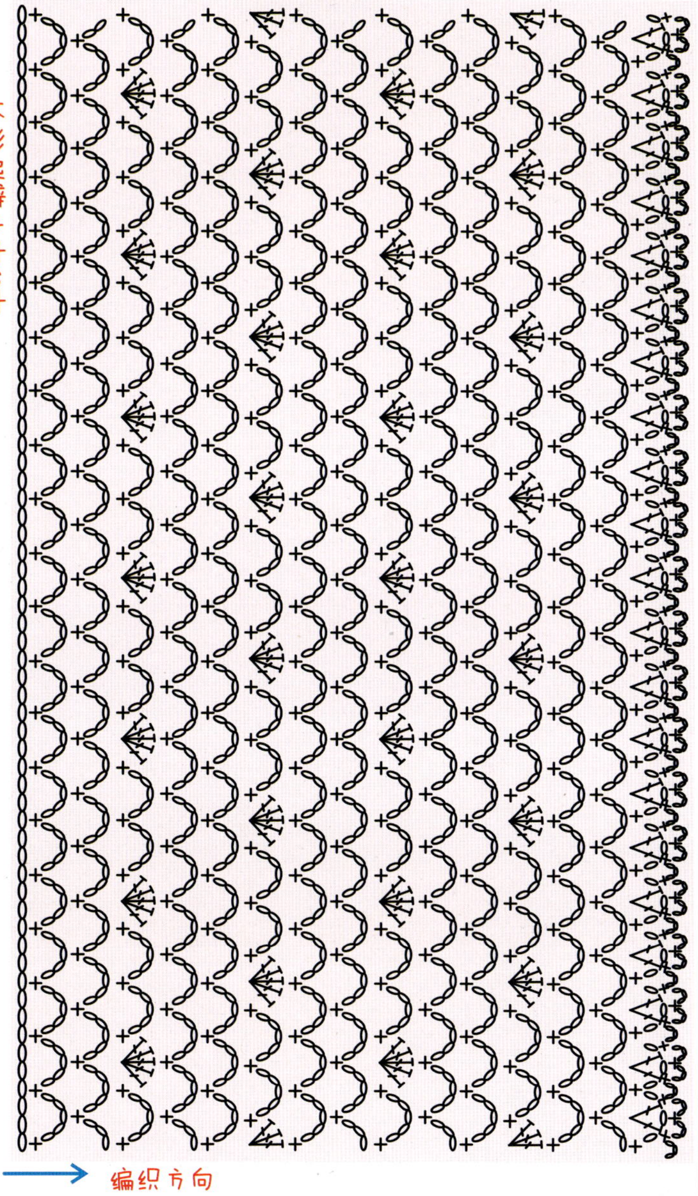

环形起辫子针63针

编织方向

【编织要点】

帽子采用了空顶的设计，特别适合夏天佩戴。起针是从空顶的位置开始往帽檐织，花样相同，只是在帽檐边钩制了花边。并且制作了一朵装饰小花缝制在帽体上，显得特别粉嫩可人。

清凉男宝宝鞋帽

男宝宝也需要一顶空顶的帽子哦，当然帅气的穿襻鞋是最好的搭配。

清凉男宝宝鞋、帽

凉鞋制作详解

钩针符号说明

符号	说明
∘	辫子针
+	短针
T	中长针

【工具】

2.0mm钩针；毛线缝针。

【材料】

淡粉色中粗奶棉20g；白色、黄色中粗奶棉少许。

【辅料】

纽扣2枚。

【编织要点】

鞋子是用鞋底和鞋面及鞋后跟三部分缝合起来的。鞋底是两层，织片的背面相对进行缝合。再把鞋面缝合在拼合好的鞋底前端，把后跟部分缝合在鞋底的后面，注意位置要对齐，可以先用定位珠针固定，再用毛线针缝合。最后，把装饰花缝制在鞋面上。

编织图

环形起辫子针63针

编织方向

襟带编织图

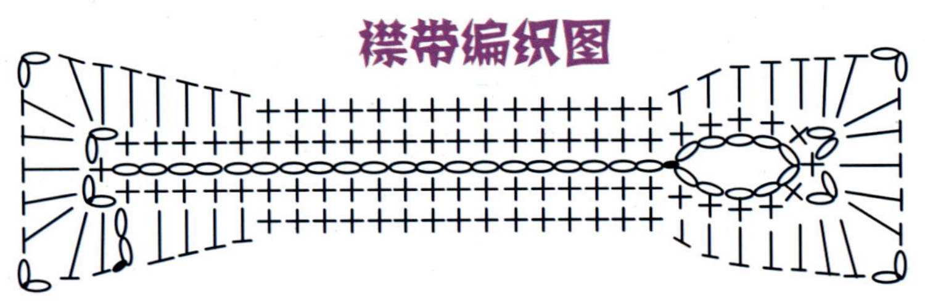

鞋面编织图

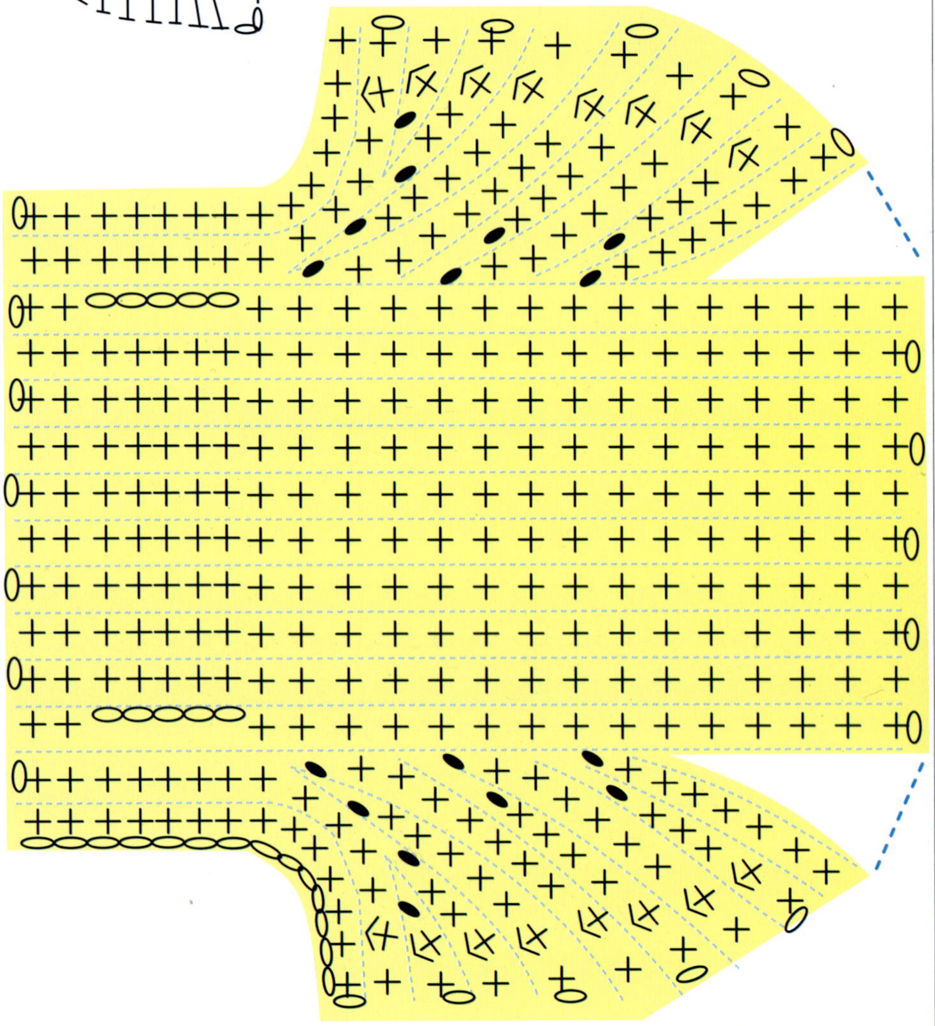

鞋底编织图

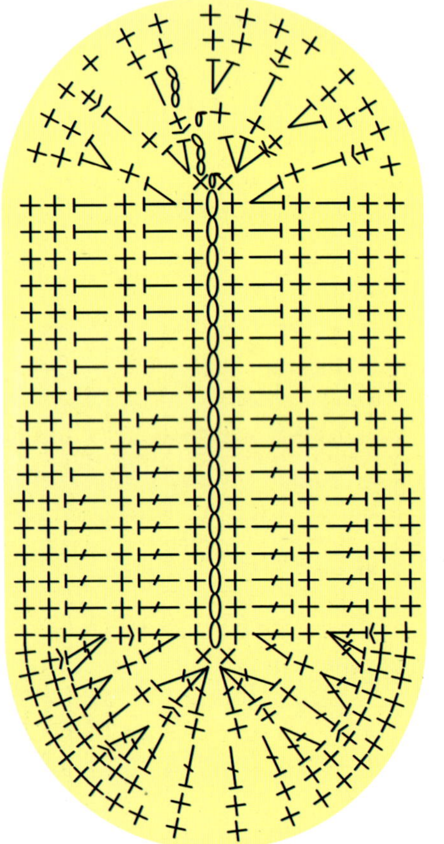

玫瑰花凉乖宝宝鞋

夏日里的玫瑰美丽，娇嫩的女宝宝像玫瑰花一样招人喜爱。一双玫瑰花凉鞋让妈妈们爱不释手。

宝宝玫瑰花凉爽鞋

制作详解

【工具】

2.0mm钩针；

毛线缝针；

手缝针。

【材料】

A：玫红色中粗奶棉20g；

绿色中粗奶棉少许；

B：黄色中粗奶棉20g；

绿色中粗奶棉少许。

【辅料】

纽扣2枚、仿珍珠2颗。

钩针符号说明

∘	辫子针
+	短针
T	中长针

【编织要点】

这是一款适合夏天穿着的、软底的女宝宝凉鞋，特点是柔软舒适和凉爽。

鞋子的主体分成三部分来编织的：鞋底、后跟及襻带、鞋面。鞋底是一个长针编织的长椭圆形，边缘编织了一圈反向短针。其他两部分都是由短针编织的，编织后跟部分的时候同时编织了用于系紧的襻带，编织鞋面的时候同时钩织了穿襻带的部分，编织时应注意加针的位置和针数。除了主体，还需要编织装饰的玫瑰和绿叶。

编织完就开始缝合，这是关键步骤。鞋面的左、右两边对应整齐缝合在鞋底上，将穿绊带的部分对折翻转过来缝好。后跟部分将中央对齐鞋底中央，两边舒展开缝合在鞋底上，最后缝上装饰花、纽扣、仿珍珠。缝合时请参照缝合示意图。

实物尺寸

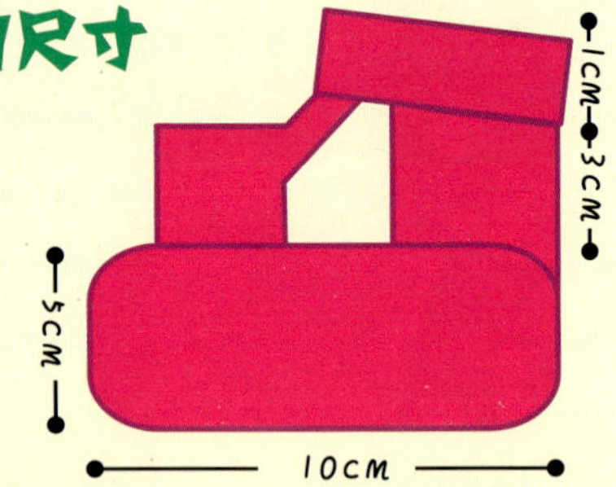

1cm　3cm　5cm　10cm

成品效果图

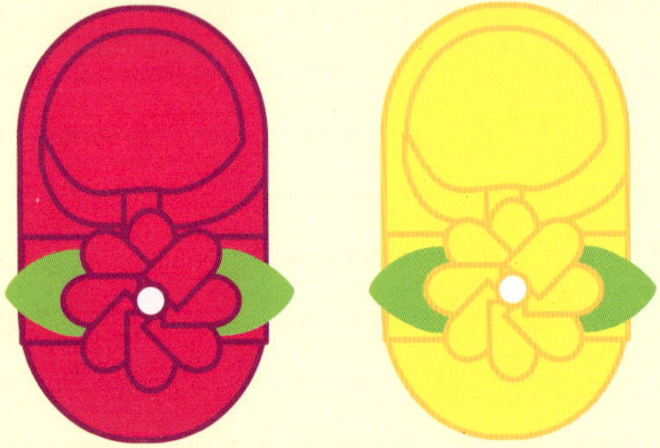

叶子编织图

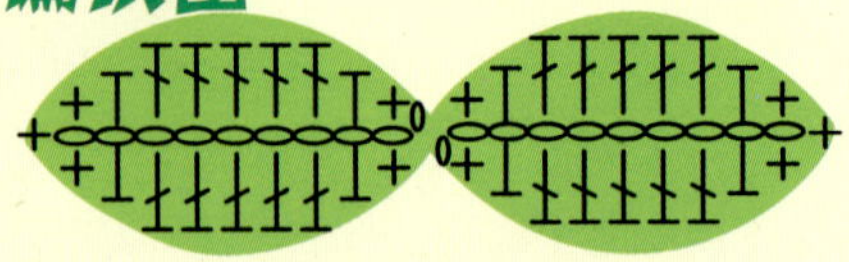

玫瑰花编织图

鞋后跟及襻带编织图

（注意：左右脚的襻带相反）

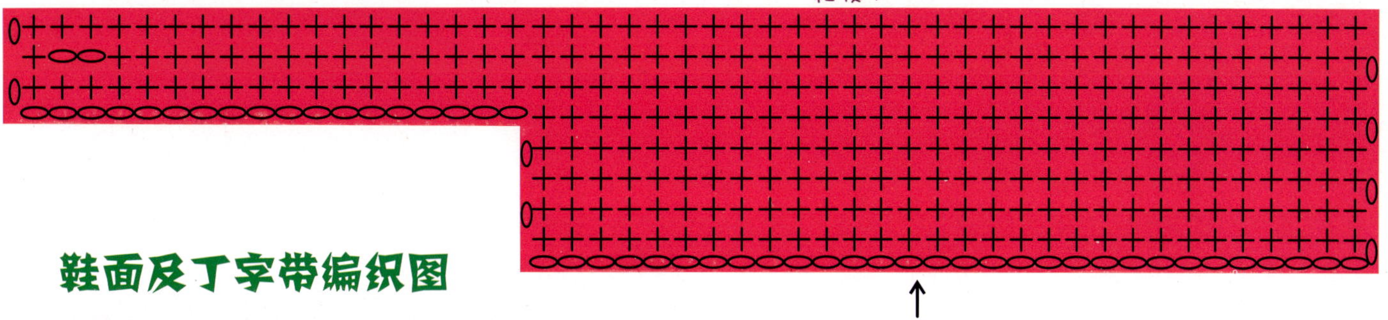

对齐鞋底后跟中心，此边与鞋底缝合

鞋面及丁字带编织图

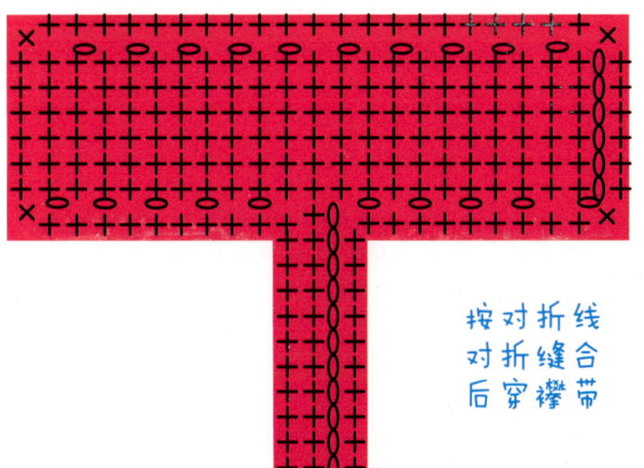

按对折线对折缝合后穿襻带

鞋底编织图

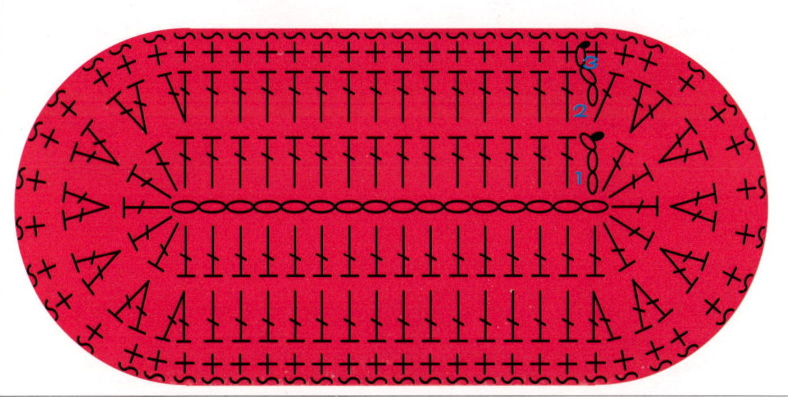

缝合过程示意图

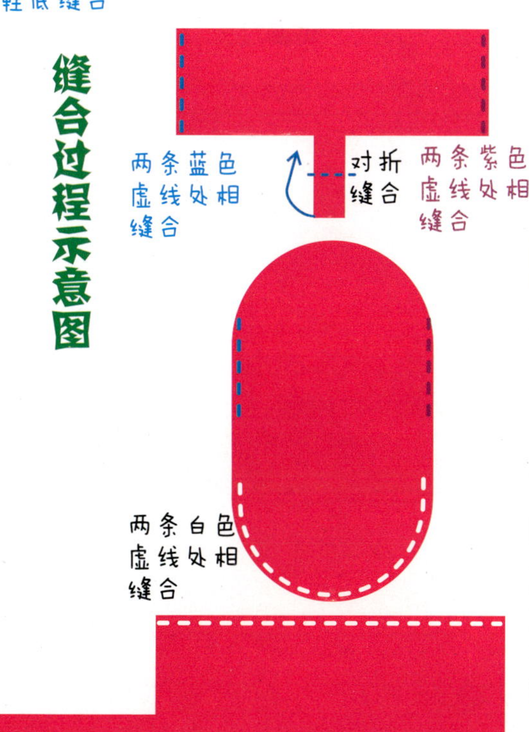

简约丁字凉鞋

丁字凉鞋，凉爽又帅气，色彩的搭配可以随心所欲，不同的色彩会是不同的风格，充分发挥你的想象，让宝宝穿出个性！

简约丁字凉鞋

制作详解

【工具】

2.0mm钩针；
毛线缝针；
手缝针。

【材料】

A：灰色中粗奶棉20g；
白色中粗奶棉少许。
B：草绿色中粗奶棉25g；

【辅料】

纽扣2枚。

实物尺寸

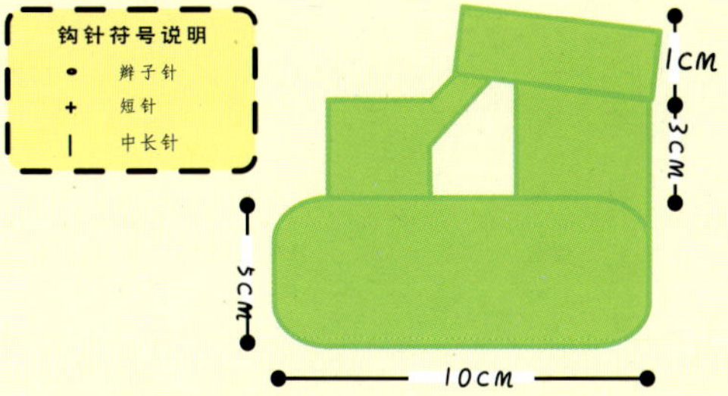

钩针符号说明
• 辫子针
+ 短针
| 中长针

1cm
3cm
5cm
10cm

缝合示意图

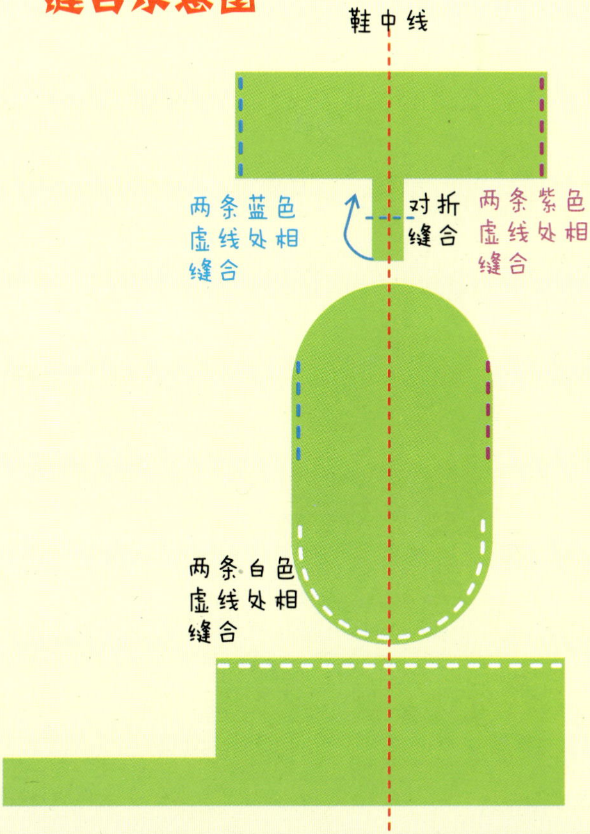

鞋中线
两条蓝色虚线处相缝合
对折缝合
两条紫色虚线处相缝合
两条白色虚线处相缝合

【编织要点】

这是一款适合夏天穿着的、软底男宝宝凉鞋，特点是柔软舒适和凉爽。

首先编织出鞋子的三个组成部分：鞋底、后跟及丁字带、鞋面。鞋底是一个长针编织的长椭圆形，边缘编织了一圈反向短针。其他两部分都是由短针编织的，编织后跟部分的时候同时编织了用于系紧的丁字带，编织鞋面的时候同时钩织了穿丁字带的部分，编织时应注意加针的位置和针数。

缝合也是很关键的步骤。将鞋面的左右两边对应整齐，缝合在鞋底上，将穿丁字带的部分对折翻转过来缝好。后跟部分将中央对齐鞋底中央，两边舒展开缝合在鞋底上。

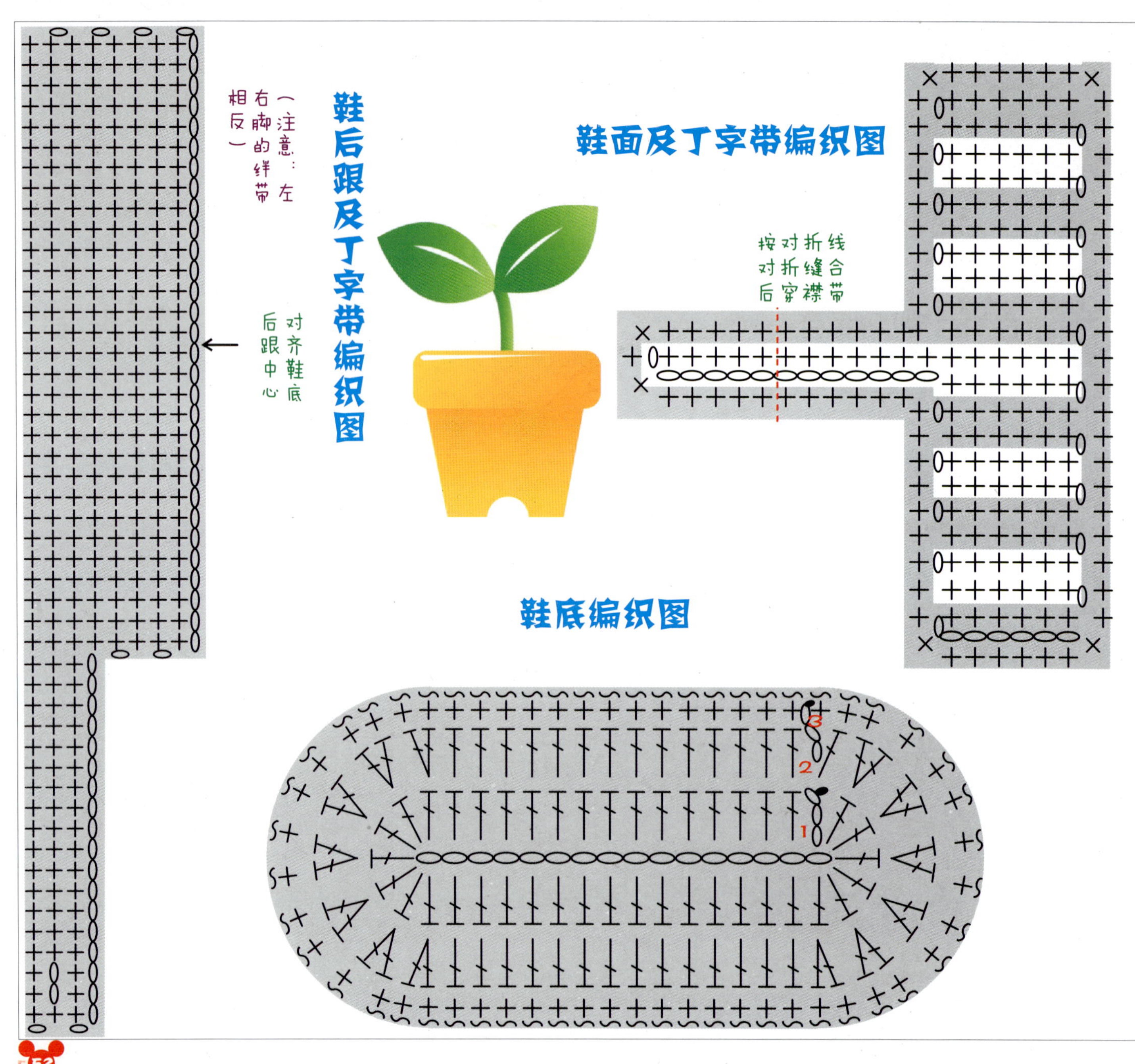

鞋后跟及丁字带编织图
（注意：左右脚的绊带相反）
对齐鞋底后跟中心
鞋面及丁字带编织图
按对折线对折缝合后穿襟带
鞋底编织图
3
2
1

在炎热的夏季穿着一抹绿色，会从视觉上给人带来清凉舒适的感觉，树叶花样的设计更加配合了这种设计理念，宝宝穿在身上会更舒爽哦！
绿叶背心裙

绿叶背心裙

制作详解

【工具】

12号棒针；
手缝针。

【材料】

草绿色奶棉线30g。

【辅料】

纽扣2枚。

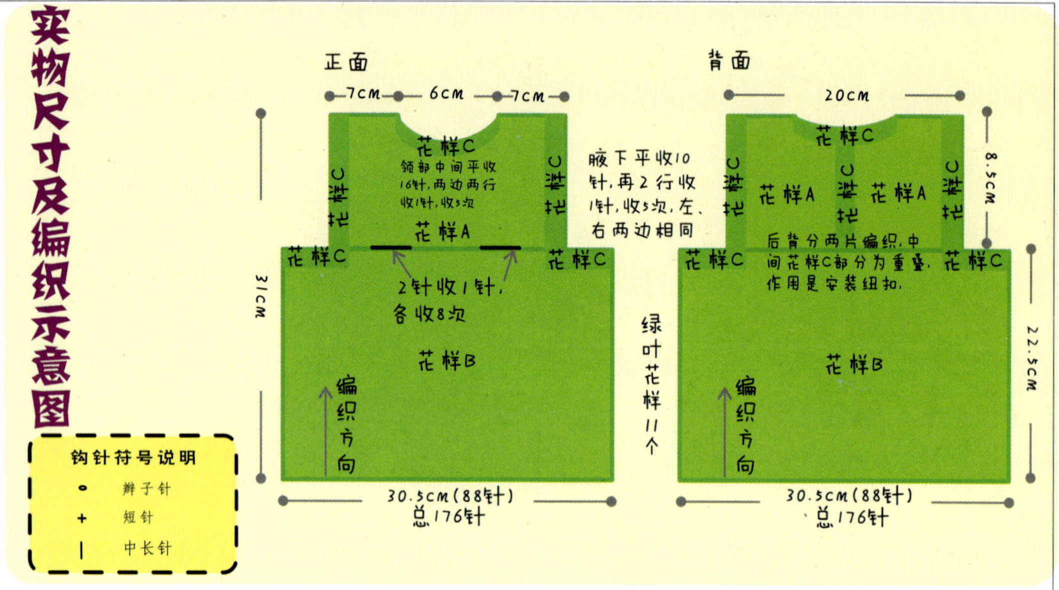

【编织要点】

这是一款背后开扣的背心式裙衣，编织方向是由下摆织起，整体用了三种编织花样，A是平针，B是来回针，C是树叶式花样。

起针是176针，树叶花样是16针一个花样，一圈是11个花样，向上编织6轮花样，然后将织物分成两部分，就是前片和后片，前片胸前两边分别急收8针，腋下平收10针，然后两边同时2行收一针，收5次，就是袖窿圆弧部分，左右两边相同，前片中心收领，领是圆领，在中心平收16针，两边2行收1针，收5次，领的深度为6cm（不含边缘花样B）。后片也在分腋下的时候平均分成两部分，中间花样B部分重叠编织，上面部分留两个扣眼，下面部分钉纽扣，在分别编织左后片、右后片的时候，同时编织用作边缘的花样B，前片、后片都编织完毕后，在肩部将前后缝合在一起，袖窿的边缘直接从袖洞挑起来编织4行来回针，左右袖洞相同。领圈部分将前后领洞一起挑起编织7行来回针。

所有编织步骤完成以后，对织物进行适度熨烫，最后钉上纽扣，处理好尾线等。

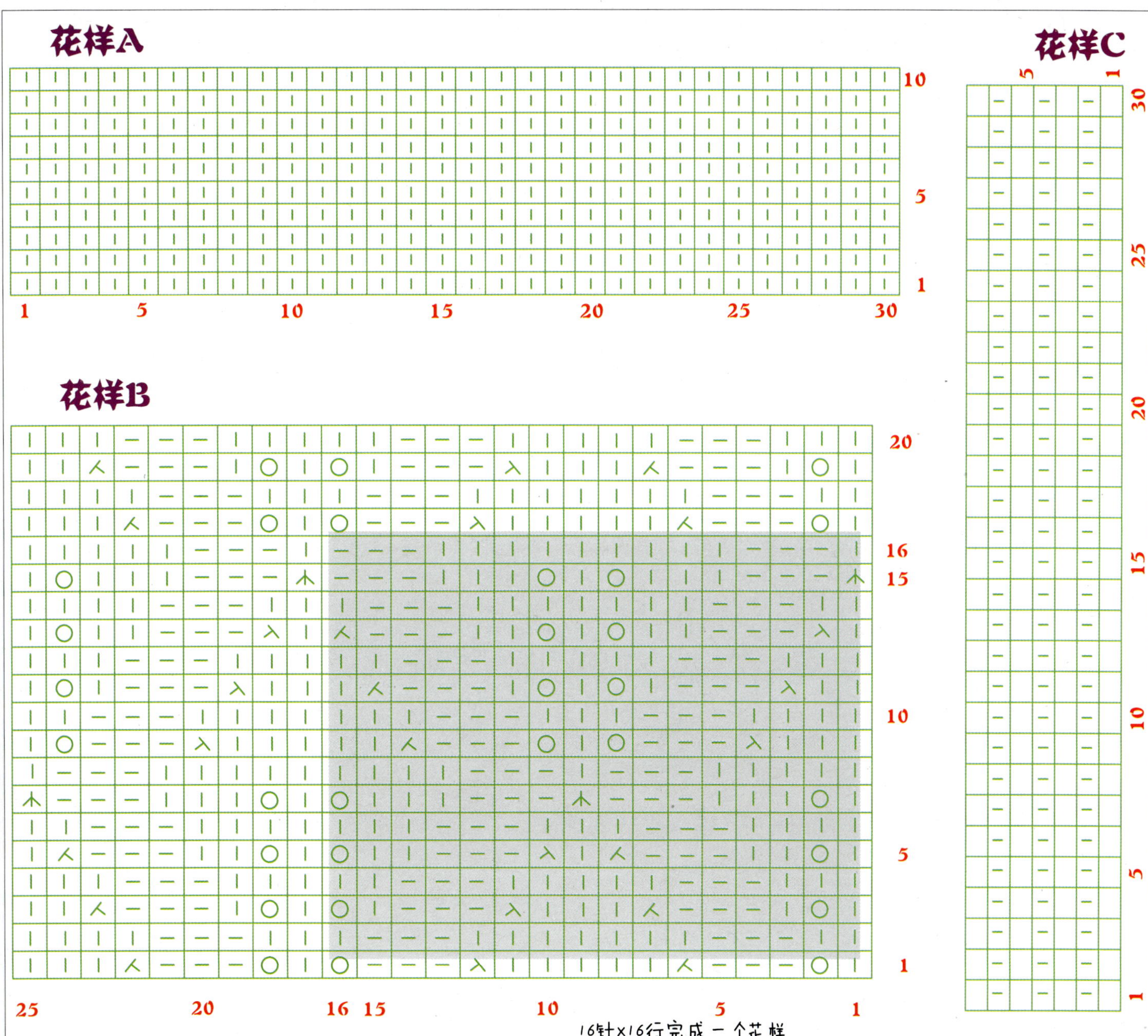
花样A
花样B
花样C
16针x16行完成一个花样

粉红钩花小外套

柔软的纯棉线钩织的镂空花样小外套，不仅凉爽舒适，而且美观漂亮，粉色是每个小公主的上上选！

粉红钩花小外套

制作详解

【工具】

1.5mm钩针；

毛线缝针；

手缝针。

【材料】

粉色纯棉线100g。

【辅料】

纽扣3枚。

实物尺寸

钩针符号说明

○	辫子针
+	短针
|	中长针

26cm

26cm

装饰花编织图

边缘花样

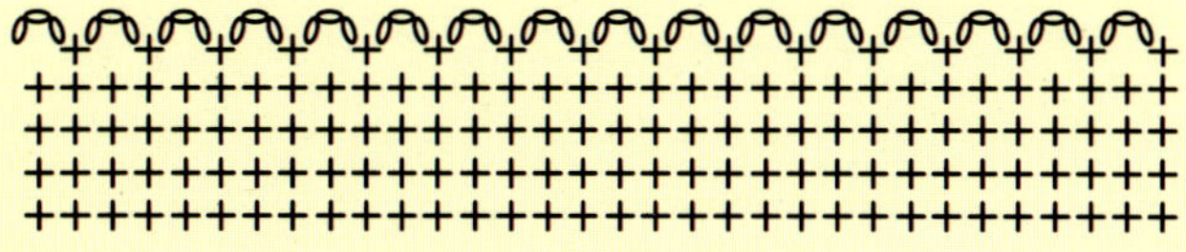

【编织要点】

这是一款很可爱的公主裙衫，颜色很招人喜欢，纯棉的质地很适合夏天穿，透气、吸汗且凉爽。

从颈部起辫子针96针，按图示每行添针，成一个圆形扩展开去，扩展到腋下的时候，空出袖子的位置，将衣身直接连接起来编织新的花样，空出来的袖窿就是自生的袖窿，很自然很休闲。衣身的花样需要连续编织4到5轮，视需要编织的长度而定。编织到需要长度后，最后一排按图示的最后一排编织出下摆的花样。门襟和领圈要挑起来织短针组成的边缘花样，胸前的位置要留下扣眼。

最后，钉上纽扣和装饰花。

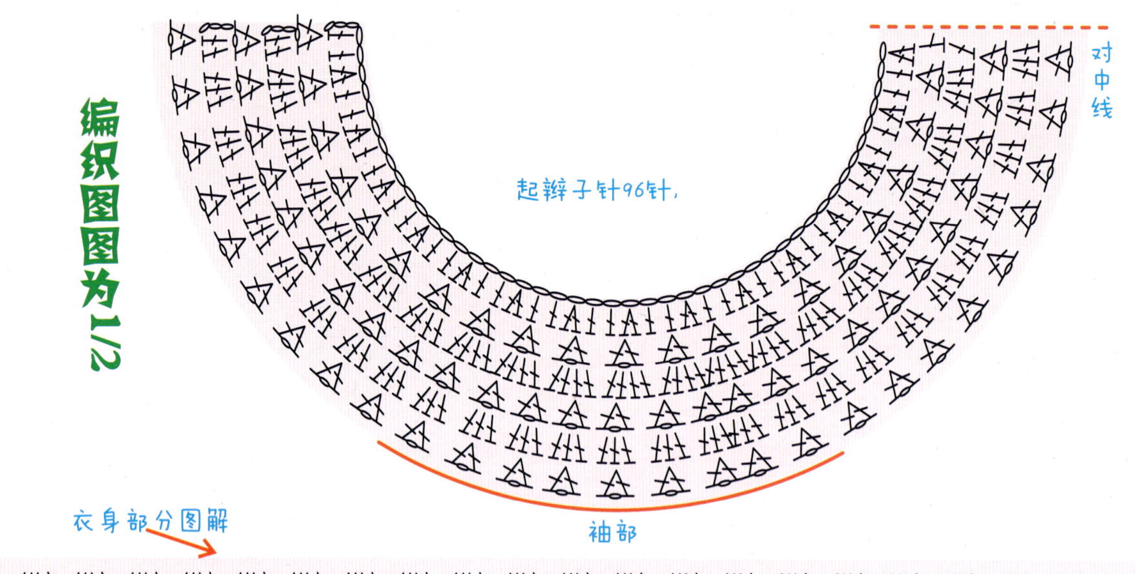

衣身部分图解

镂空花V领小背心

对于小宝宝，一件透气的小背心是必备的，钩针的镂空花样，既美观又实用哦！

镂空花V领小背心

制作详解

实物尺寸及整体示意图

4.5CM
9CM
16.5CM
花样A
两行收1针收5次
平收13针
排起织边缘
花样B
38针
22CM
25.5CM

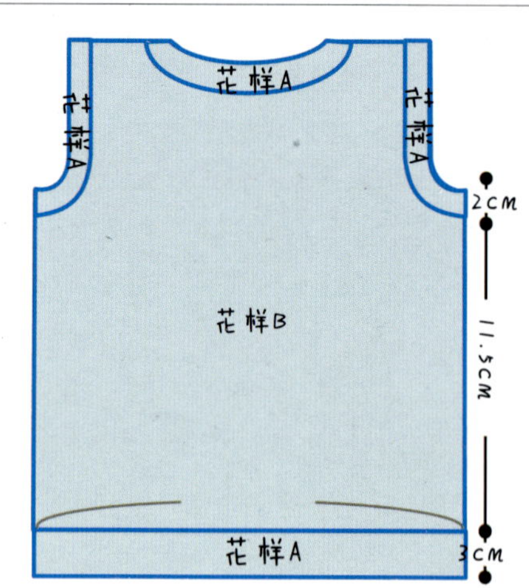

花样A

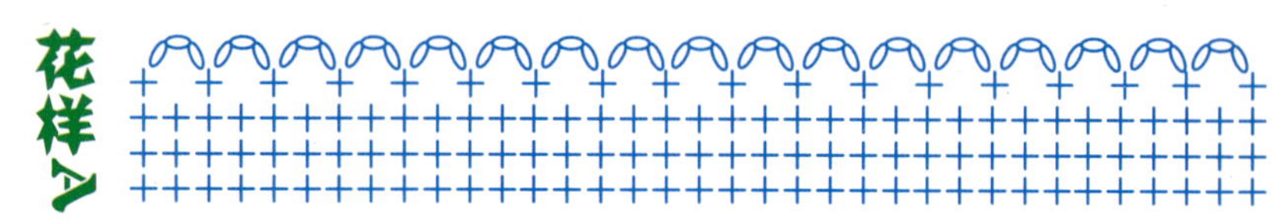

【工具】

2.0mm钩针；

手缝针。

【材料】

A：淡蓝色中粗奶棉60g；

B：白色中粗奶棉60g。

【辅料】

纽扣4枚

钩针符号说明

符号	说明
○	辫子针
+	短针
|	中长针

【编织要点】

这是一款用钩针编织的V领开式背心。透气性好，穿着美观实用，是小宝宝的必备品。

编织是从下摆开始的，前片、后片整体一起起针，起辫子针131针。背心共运用了两种花样，一种是衣身使用的花样，一种是边缘使用的花样。

衣身始终循环编织一种花样，一直编织到腋下时把织片分成左前片、右前片和后片，分别按照编织图收针，编织完成以后，将两边的肩部分别缝合起来。

边缘的花样是分成三部分来织的：左袖窿、右袖洞和门襟下摆领窝部分。在这三部分的位置分别挑起编织图示的边缘花样。需要注意的是圆角的圆弧的位置要适当收针和加针，使线条看起更圆润、更流畅。

最后的步骤就是钉上纽扣。

背心编织图(花样B)

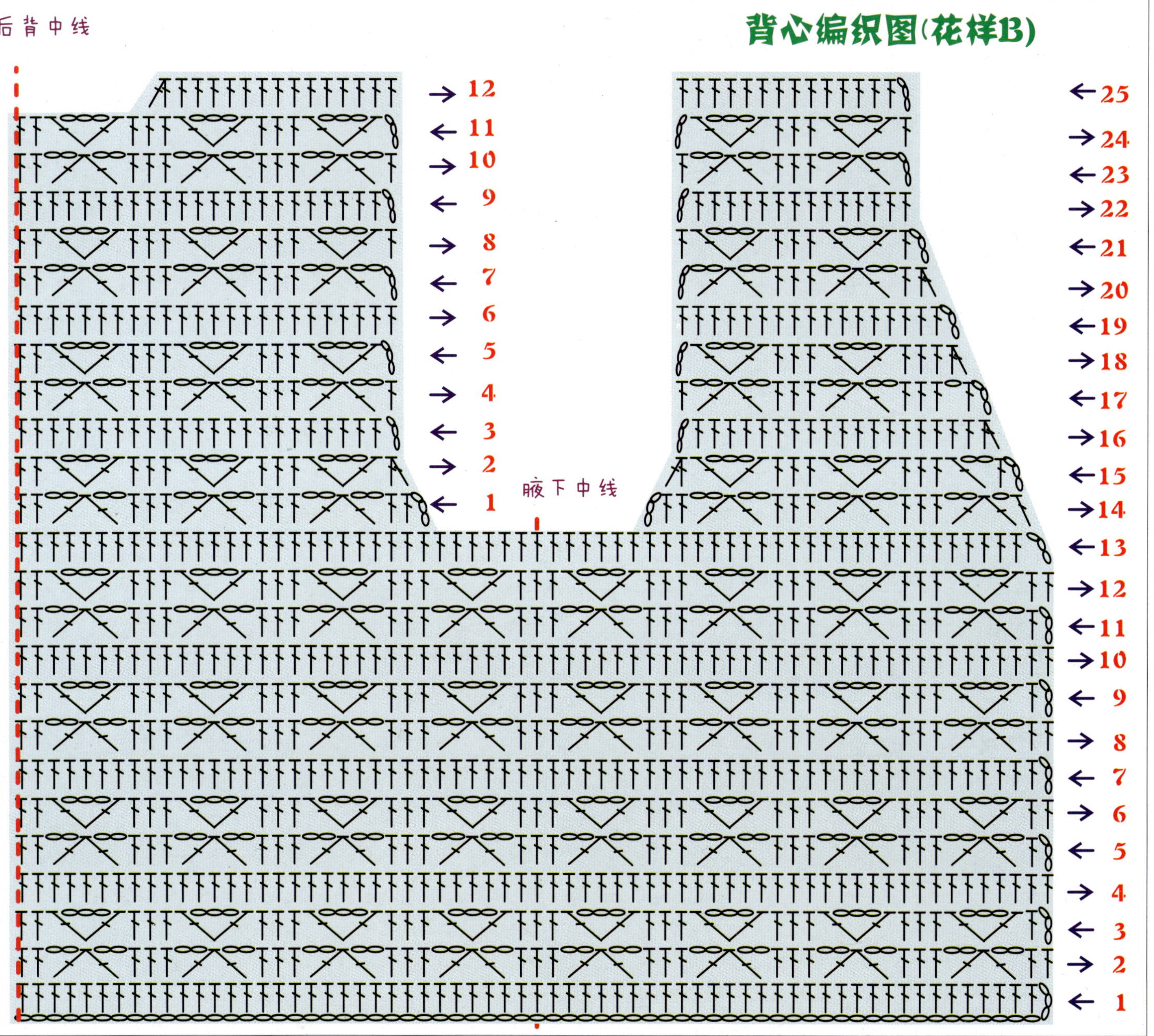

绣花卡通小背心

一款乖巧的夏季小背心，全平针编织，柔软舒适。肩部起皱的假袖可爱妩媚，下方的字母绣花富有时代气息。

绣花卡通小背心

制作详解

【工具】

12号棒针；

毛线缝针。

【材料】

淡蓝色中粗奶棉70g；

白色中粗奶棉15g；

黄色、肉色、深蓝色；

咖啡色、黑色线少许。

【辅料】

纽扣5枚。

【编织要点】

这是一款很活泼的小背心，适合女宝宝穿着，衣身的下方绣上了卡通版的字母。

编织从下摆开始，整个衣身整体起针，全平针编织，在15行以后，在衣身左右两侧每7行各收1针，共收5次。编织至腋下的时候，将衣身分为前片、左后片及右后片（此衣为后开式），并开始收袖洞的圆弧。腋下开始平收8针，然后两边每2行收1针，共收3次，前领窝和后领窝也是按此方法收，只是收针数不同，可参见编织图。

主体编织完毕后，将两边肩部缝合起来，在后片的两边边缘挑起织花样，并将用白色线编织的两肩假袖缝在相应位置。用钩针在领窝及袖窿钩一圈短针。

最后，在衣服的右下方绣上字母，衣服便完工了。

实物尺寸

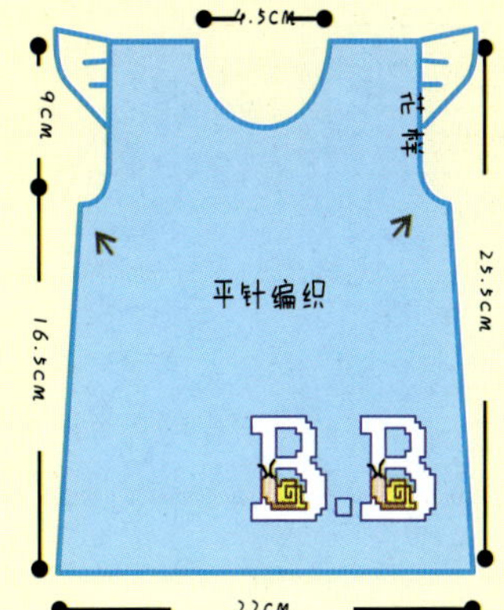

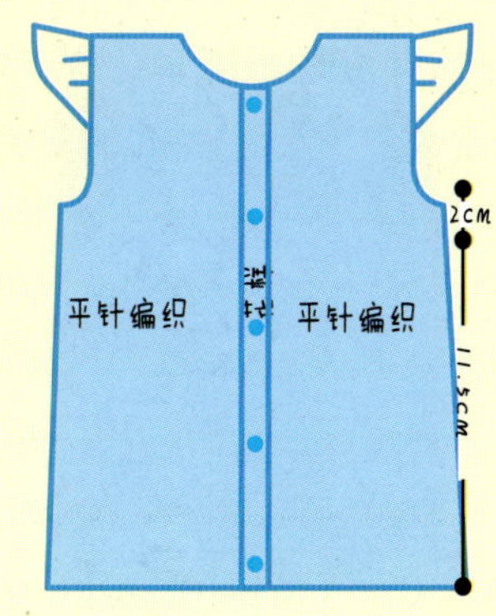

钩针符号说明

符号	说明
∘	辫子针
+	短针
|	中长针

字母绣图

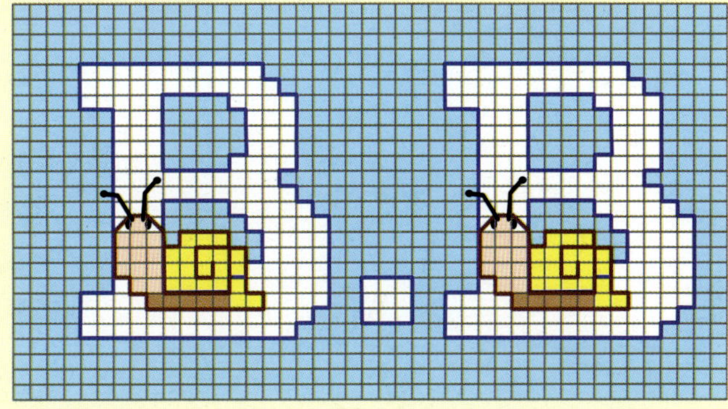

花样

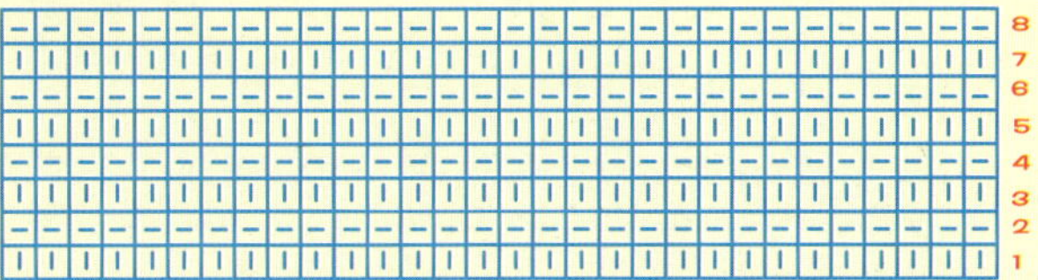

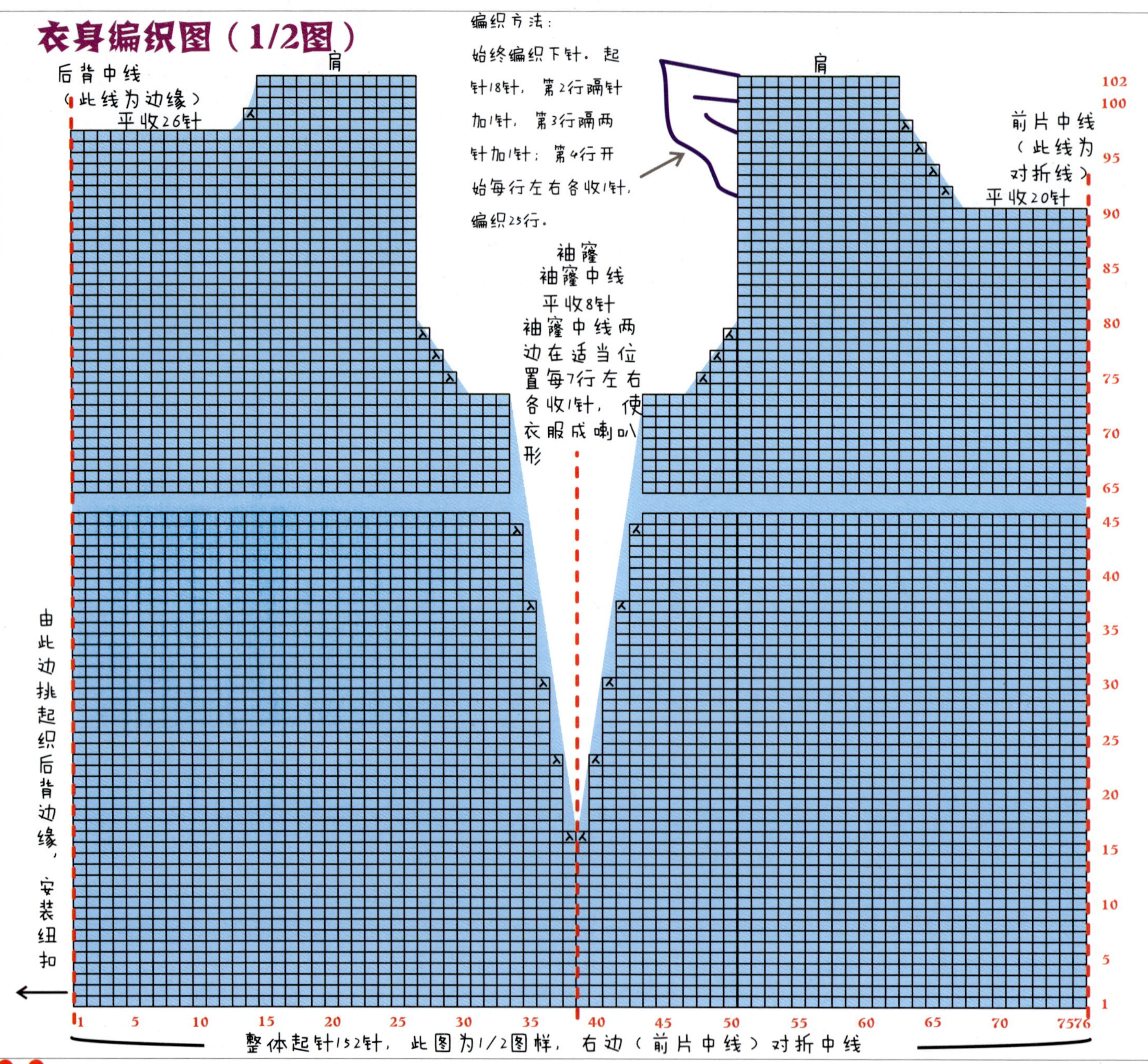

衣身编织图（1/2图）
编织方法：
始终编织下针，起针18针，第2行隔针加1针，第3行隔两针加1针；第4行开始每行左右各收1针，编织25行。
后背中线
（此线为边缘）
平收26针
肩
肩
前片中线
（此线为对折线）
平收20针
袖窿
袖窿中线
平收8针
袖窿中线两边在适当位置每7行左右各收1针，使衣服成喇叭形
由此边排起织后背边缘，安装纽扣
102
100
95
90
85
80
75
70
65
45
40
35
30
25
20
15
10
5
1
1
5
10
15
20
25
30
35
40
45
50
55
60
65
70
7576
整体起针152针，此图为1/2图样，右边（前片中线）对折中线

实用吊带小背心

心爱的宝贝就像刚冒出头的小嫩芽，稚嫩可爱，在阳光雨露的呵护下慢慢长大！

实用吊带小背心

制作详解

【工具】

12号棒针；

2.0mm钩针；

毛线缝针；

手缝针。

【材料】

黄色中粗奶棉100g；

绿色中粗奶棉少许。

【辅料】

绿色纽扣10枚。

实物尺寸及成品效果图

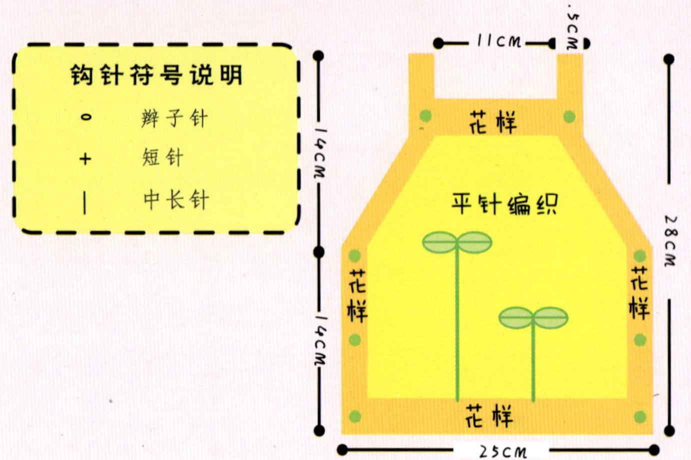

【编织要点】

这是一款清爽宜人的小吊带。使用柔和贴身的线材编织，既可以在夏季作凉爽装，还可以在春秋两季作小背心。

衣服是由两片形状和编织方法都相同的织片缝合的。首先起针编织单罗纹针12行，然后进行平针编织（使正面始终呈现下针状态），编织至14cm时，开始两边收针，每2行两边各收1针，收15次。然后再编织12行单罗纹针，针数不再作增减。

正反两面的旁边边缘都是编织单罗纹针，但是正面挑起时只限于织片的长度，背面需要在靠肩的方向超过15cm，超过的部分进行平针，作为吊带的肩带。

最后，将小绿芽钉在前面。

绿芽装饰花

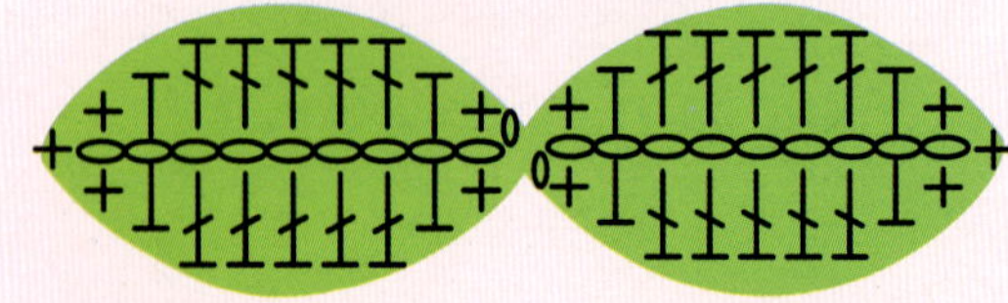

花样

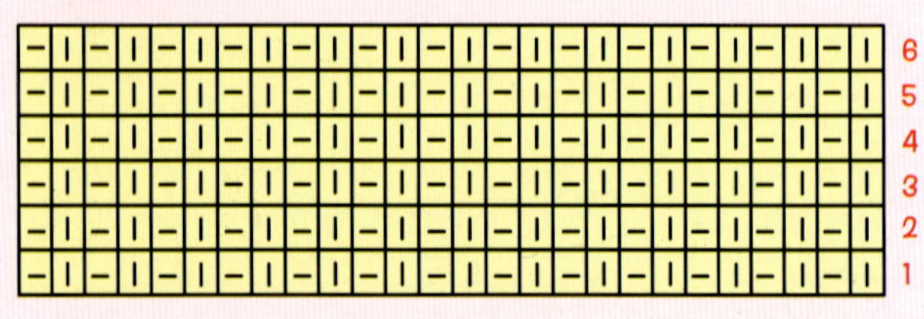

衣身编织图

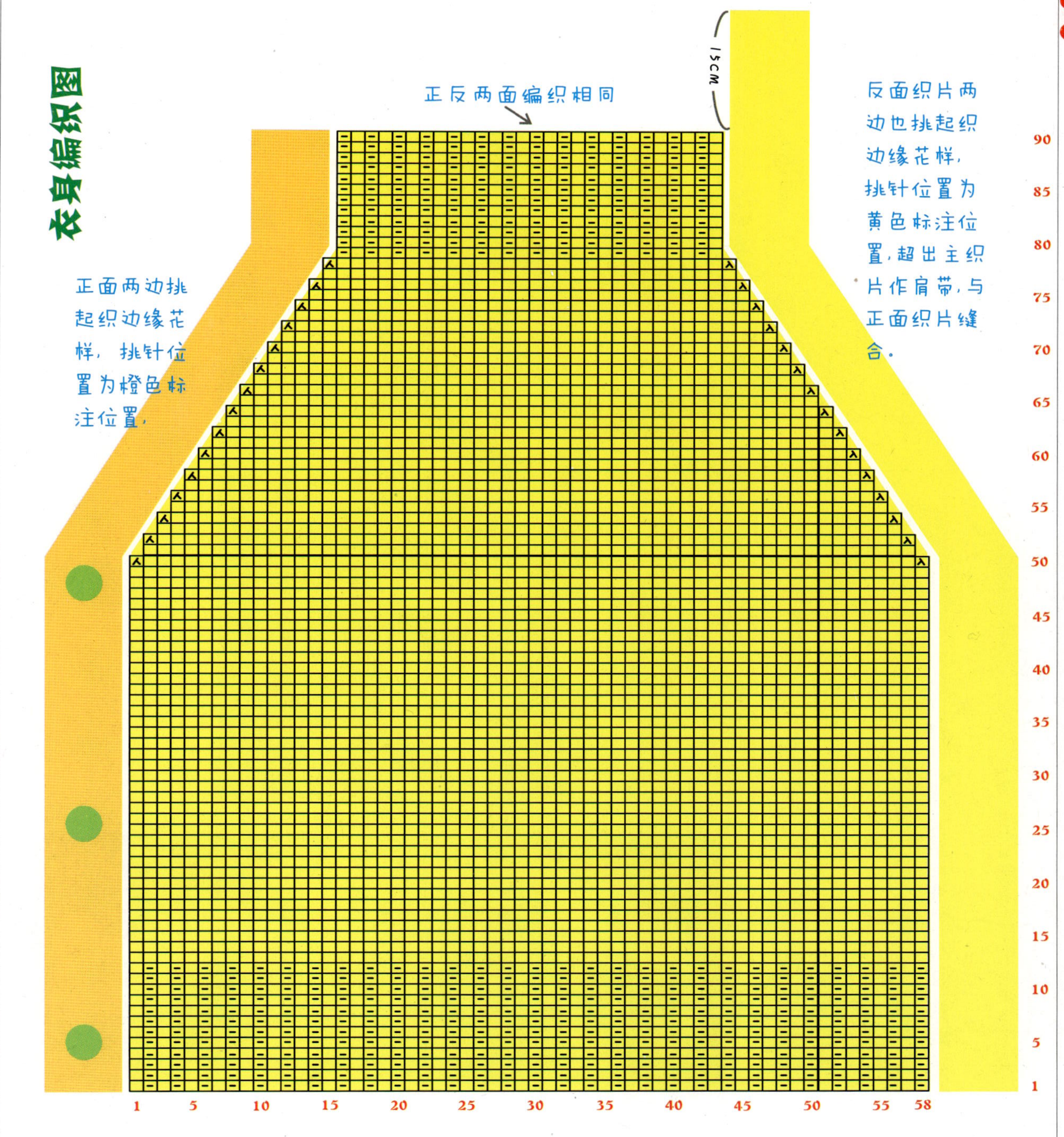

正面两边挑起织边缘花样，挑针位置为橙色标注位置，
正反两面编织相同
15CM
反面织片两边也挑起织边缘花样，挑针位置为黄色标注位置，超出主织片作肩带，与正面织片缝合。

趣味手抓小玩具

小宝宝开始学习抓东西的时候，需要为他准备一些安全卫生又有趣的小玩具，让宝宝练习握东西和抓东西，对宝宝的智力发展很有益处。

趣味手抓小玩具

制作详解

【工具】

2.0mm钩针；

毛线缝针。

【材料】

A：淡蓝色中粗奶棉10g；

白色中粗奶棉10g；

Pp棉少许。

B：粉红色中粗奶棉10g；

白色中粗奶棉10g；

Pp棉少许。

实物尺寸及配色示意图

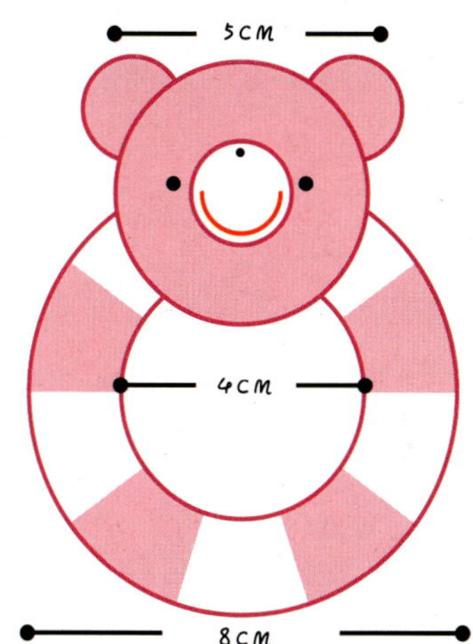

钩针符号说明	
∘	辫子针
+	短针
|	中长针

面部完成效果图

【编织要点】

这个玩具分两部分：圆环（方便手抓）和小熊头（有趣、吸引）。

圆环是环形起针15针，向上环形编织短针50行，中间用白色和有色线每5行进行间隔，编织成了一个中空的圆柱物，在这个圆柱物中间填充PP棉，然后把两端缝合起来。

小熊的头部也有三部分：两只耳朵和头部。三部分编织好以后，在面部绣上鼻子、眼睛和嘴。把耳朵缝在相应的位置。最后把小熊的头部缝在圆环上，这样，这个精致可爱的小玩具就全部完成了。

耳朵编织图

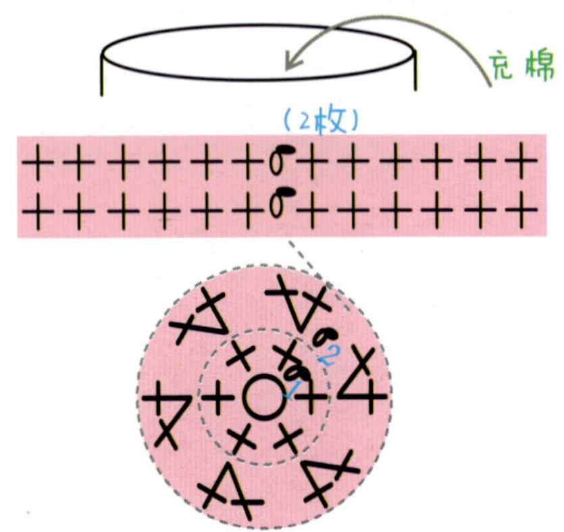

脸部编织图

充棉

圆环编织图

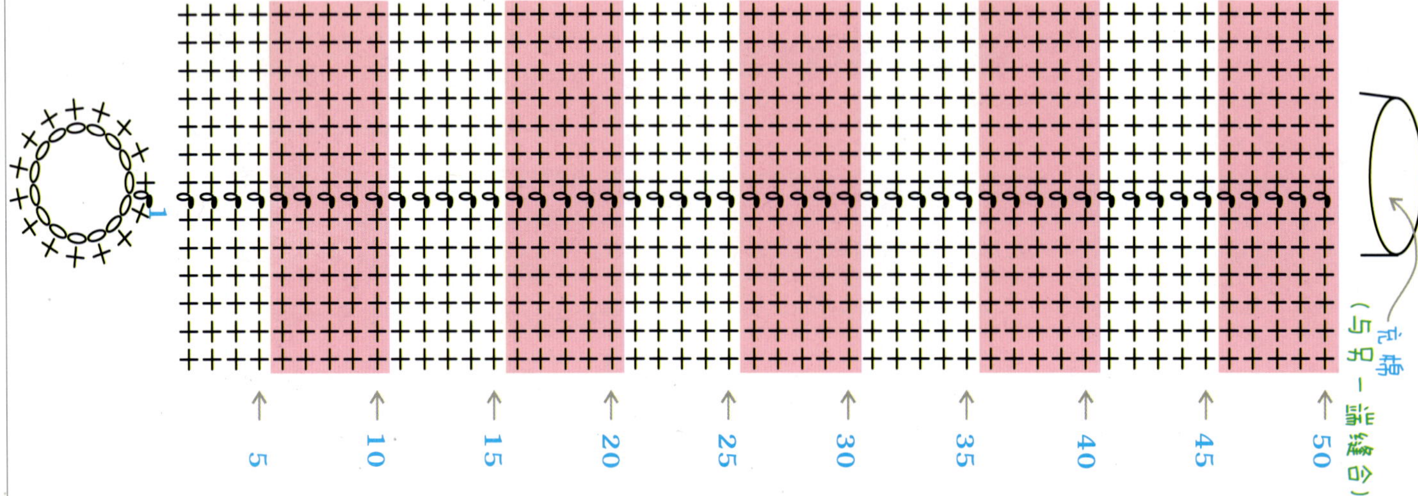

米奇花边口水兜

动动脑筋，让必须的保洁用品也变得美丽时尚，可爱的木耳边口水兜既能让宝宝的衣服更清洁，也让宝宝更可爱！

米奇花边口水兜

制作详解

【工具】

12号棒针；

2.0mm钩针；

毛线缝针。

【材料】

A：橙色中粗线15g；

淡黄色中粗线10g。

B：粉色中粗线15g；

玫红色中粗线10g。

【编织要点】

宝宝太小的时候，吃东西和喝水时总会有多余的食物和水流出；宝宝长牙的时候，牙床发痒也总会流出很多口水。总之，一周岁前的宝宝很需要的装备就是口水兜。

这是一款钩织结合的口水兜，主体是棒针编织的，装饰的米奇头是钩针钩织的。主体起针31针，编织时两边添针，每行两边各加1针，加8次，编织的花样按图示。编织到25行开始收针，每2行两边各收1针，收12针。木耳边从周围挑起来编织，挑针后的第2行每隔1针添1针，编织下针，共编织6行。

主体编织完以后，将钩好的米奇头缝制在口水兜的正中间。

实物尺寸及成品效果图

钩针符号说明

符号	说明
○	辫子针
+	短针
丨	中长针

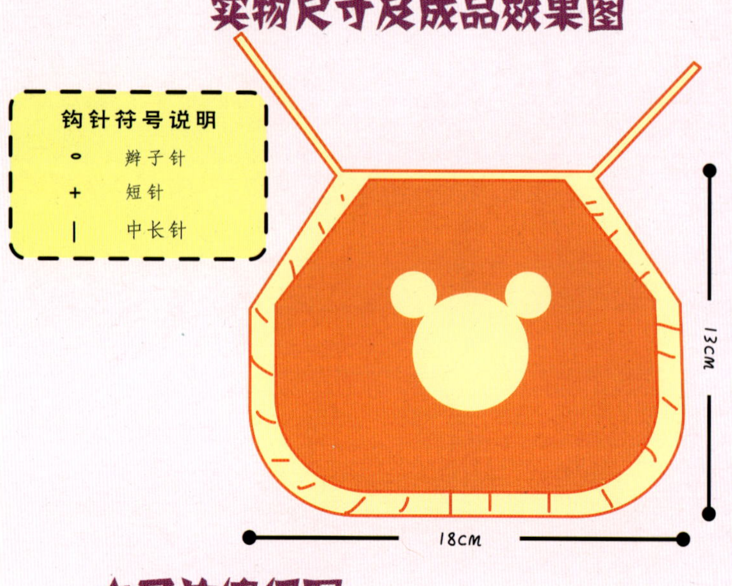

木耳边编织图

米奇脸编织图

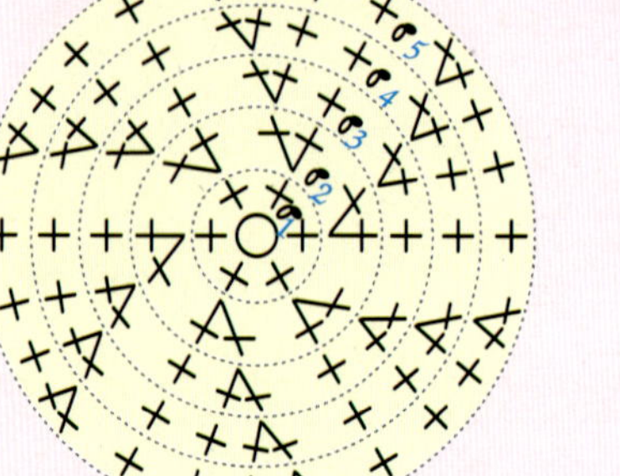

米奇耳朵编织图

（2枚）

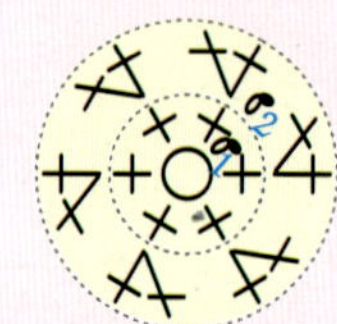

编织图

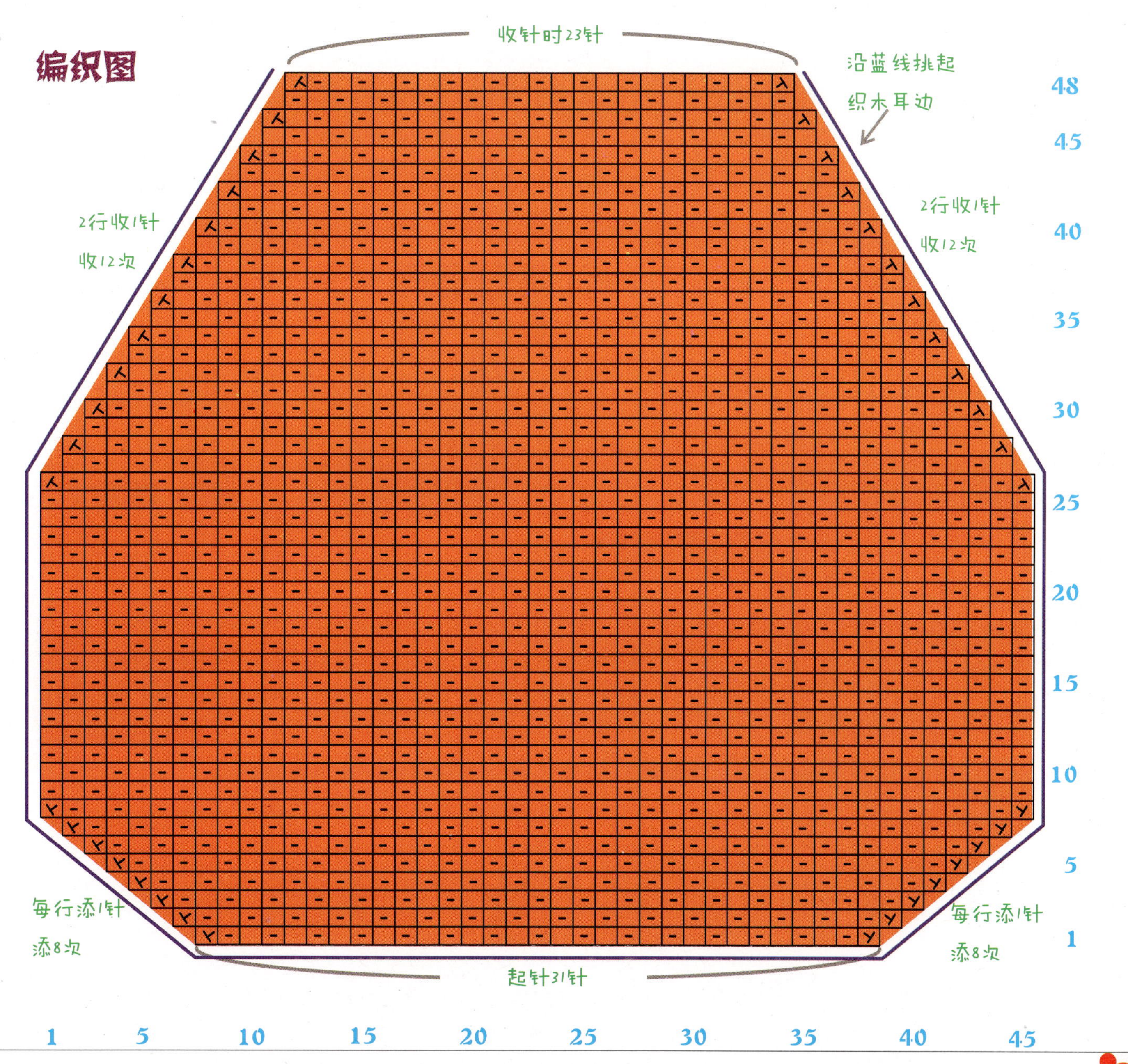

收针时23针
沿蓝线挑起
织木耳边
2行收1针
收12次
2行收1针
收12次
每行添1针
添8次
每行添1针
添8次
起针31针

让我们编出精彩，编出味道，体会编织带给我们的乐趣！

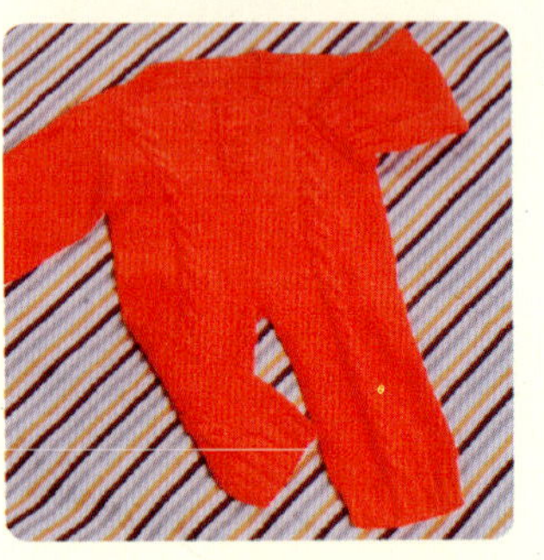

从窈窕淑女到变成"大肚子"孕妇，虽然不再有苗条的身形，但却有别样的韵味。

和煦的阳光，凉爽的清风，满山层林尽染，大地一派秋景。秋天是如此美丽，我们可以用眼欣赏，用耳聆听，用心感受。

孕妇要注意保养好皮肤，为了防止产后出现妊娠纹，可在腹部、手臂处及大腿部位涂抹橄榄油。

孕妇皮肤十分敏感，每次洗脸时应使用温和无刺激的洁面用品。由于皮肤干燥，洗脸的次数应相对减少，每日两次即可。

秀秀自家的钩编达人才艺，展示一片爱心给未来的宝宝！

妊娠期间节食，控制体重，会导致胎儿宫内发育受限，也容易出现流产和早产、胎儿畸形或新生儿智力低下以及妊娠期高血压等疾病。

婉约提篮鞋

秀气的提篮鞋，温婉可爱，可调节的扣带可以让小鞋根据宝宝的小脚大小来调整松紧度。

颜色和花形的搭配，让鞋子会有更多的变化，为宝宝制作出更多的富有个性的用品！

婉约提篮鞋

制作详解

【工具】

2.0mm钩针；
毛线缝针；
手缝针。

【材料】

A：淡紫色中粗线20g；
玫红色、黄色、黑色线少许。
B：黄色中粗线20g。

【辅料】

缎带花2朵；
纽扣2枚。

实物尺寸

钩针符号说明

符号	说明
○	辫子针
+	短针
|	中长针

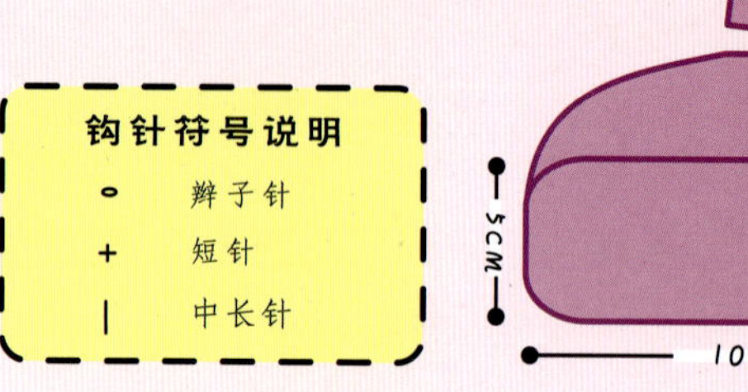

A款鞋面效果　B款鞋面效果

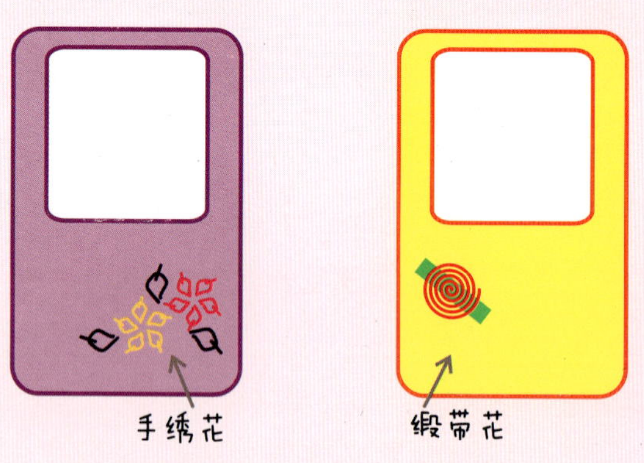

A款鞋面绣花实样

【编织要点】

这是一款很经典的提篮式边带鞋，在基本的款式上可以创作出多种不同风格的式样。

基本款式的编织是从鞋底开始的。首先起辫子针16针，然后围绕辫子针环形编织长针，在两端添针成扇形，共添两圈，使其成为一个长椭圆形，然后针数不变向上编织两圈，这是鞋的深度。接着编织鞋面，编织鞋面的时候同时与两边的边缘连接，鞋面编织完后就剩下了鞋口，在鞋口留出前方及左、右两边各3~4针后向上编织长针，并多编织20针辫子针，在辫子针上编织长针成为鞋的扣带。

在完成主体后，可以在鞋面作手绣花装饰（如A款），还可以点缀缎带花（如B款），还可以有更多的创意。

A款编织示意图

(B款同A款)

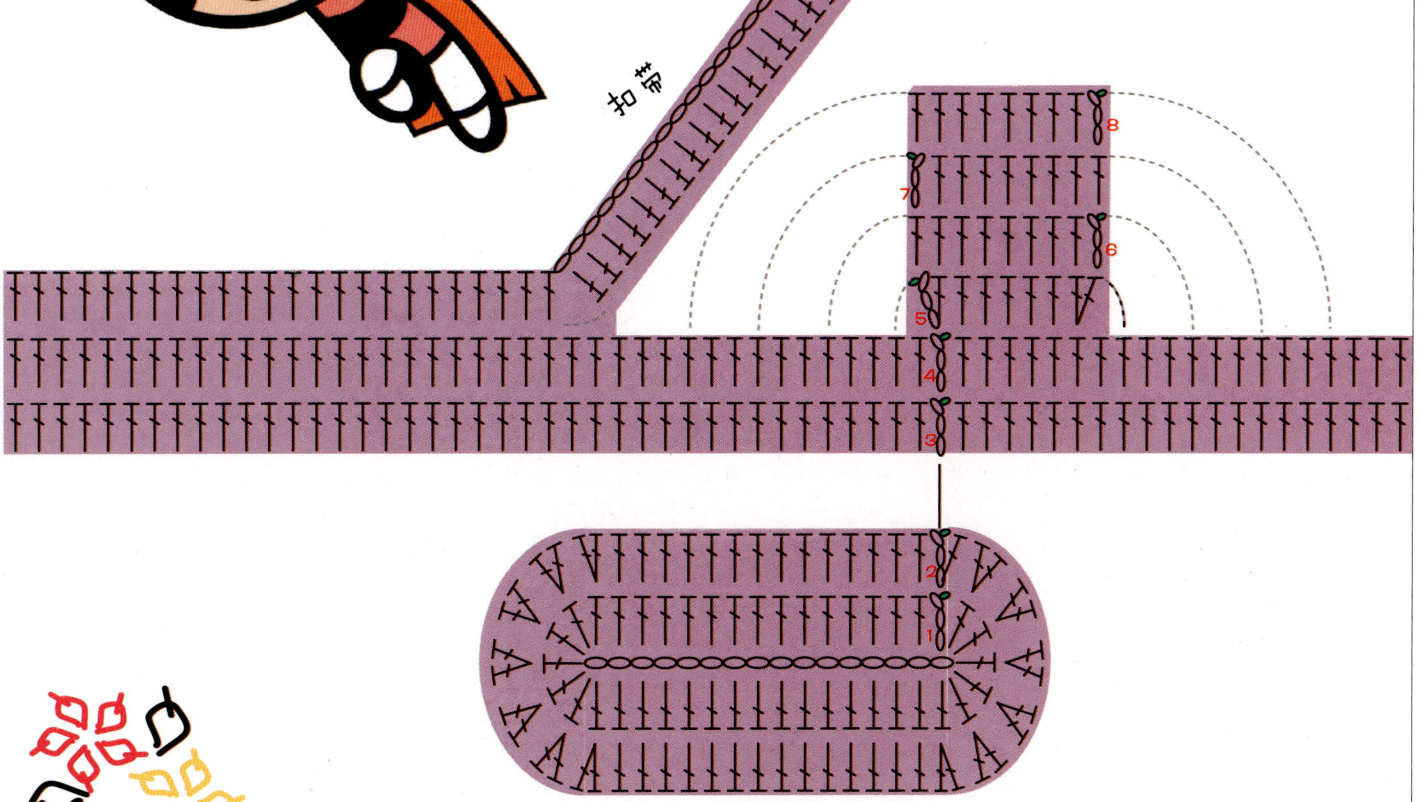

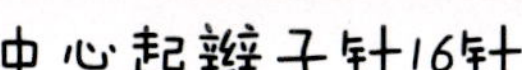

中心起辫子针16针

可爱卡通奶瓶套

为宝宝的奶瓶穿上漂亮的衣服，也能为宝宝的生活增添更多的色彩，让单调的生活更加有趣！

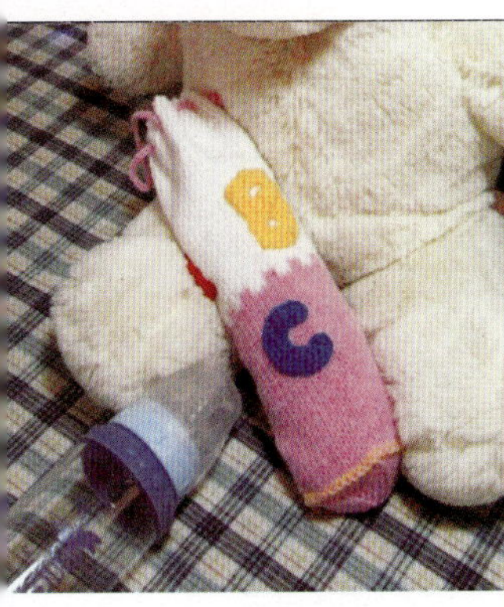

可爱卡通奶瓶套

制作详解

【工具】

12号棒针；
2.0mm钩针；
毛线缝针。

【材料】

淡紫色中粗线15克；
白色中粗线15克；
红色、黄色线少许；
蓝色线少许。

【编织要点】

婴儿喝水跟吃东西都是使用奶瓶，一个宝宝往往会用好几个奶瓶，细心的妈妈会想到为这些奶瓶穿上漂亮的衣服。

编织是从袋口开始往下织。先用白色线环形起48针编织袋口边缘，花样是3针上针再3针下针，一共编织9行，在第5行时，每个3针上针的位置收1针镂空针，用于穿提带。然后始终编织下针，编织到一定长度，加入淡紫色线，2针白色2针淡紫色交错编织，编织2行后全部采用淡紫色线。在收袋底前用黄色线编织1行上针，然后将针数分成4份收针，每行收1针，直至收拢封口为止。

最后，把编织好的字母缝在袋身上，并把提带穿过袋口的眼儿。

奶瓶套展开效果图

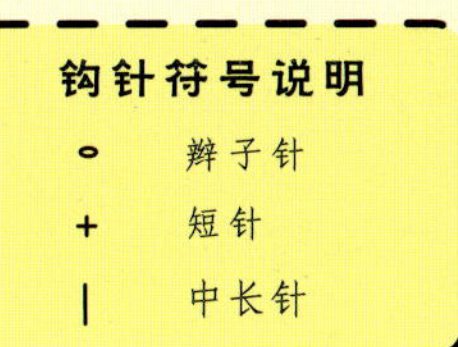

提带编织图

长15cm

字母编织图

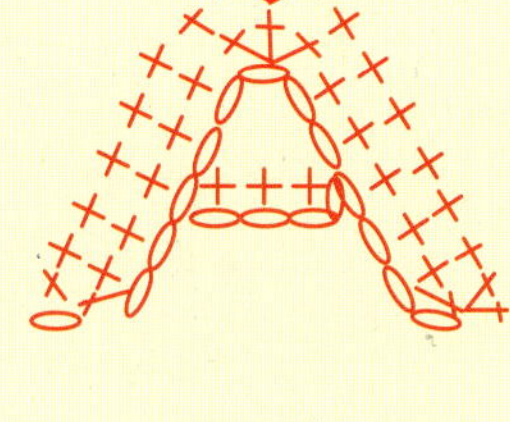

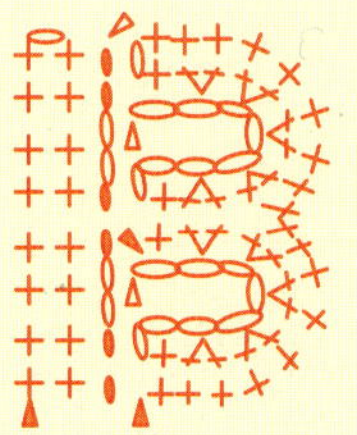

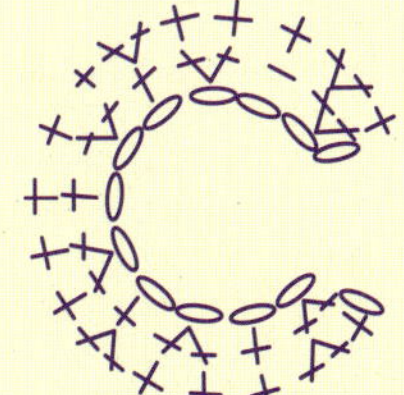

奶瓶套编织图

可环形编织也可以编织成片后从侧边缝合

编织方向

金黄绞花前开背心

乍冷还寒的秋季，穿一件绞花的前开式背心让我们的小王子显得特别的帅气，金黄色配上黑色镶边，给人无比愉悦的视觉感受。

金黄绞花前开背心

制作详解

【工具】

12号棒针。

【材料】

金黄色中粗奶棉65g；

黑色中粗奶棉少许。

实物尺寸及整体编织示意图

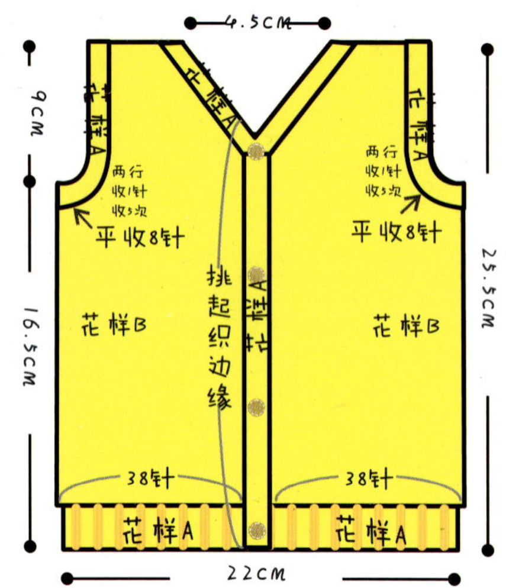

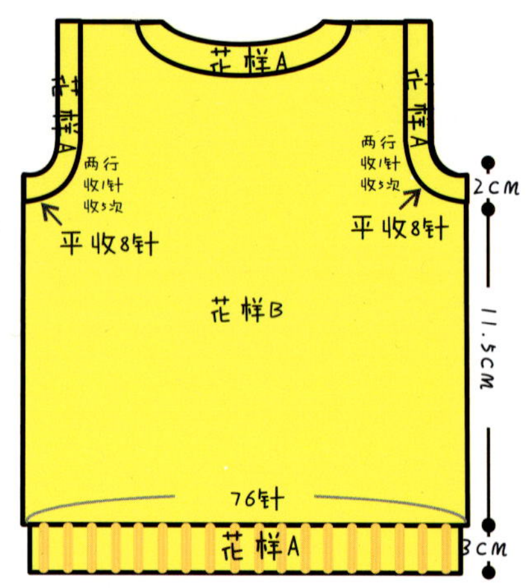

钩针符号说明

- ∘ 辫子针
- \+ 短针
- | 中长针

花样A

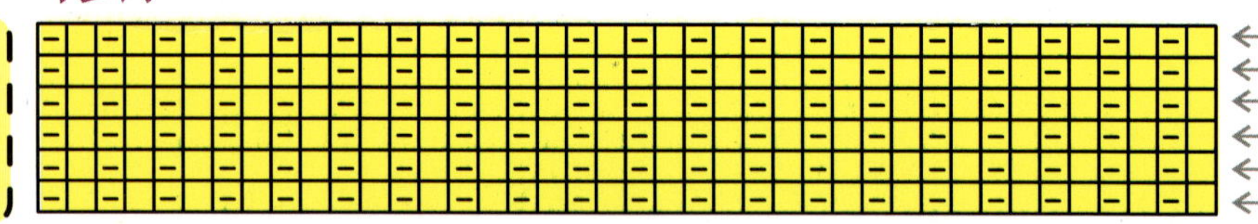

【编织要点】

这是一款前开式V领背心，黄色底，镶黑边，通体绞花。

编织从下摆起针，前片、后片一起编织，共起152针，下摆是15行单罗纹针，第1、2行和第14、15行用黑色，然后开始绞花编织。

编织到腋下时，将织片分成左前片、右前片和后片，两边腋下各平收8针，然后2行收1针，收3次。编织至77行时，在两片前片收V领，每行收1针，收18次。

整体编织完毕以后，将两边肩部缝合起来，背心的基本雏形就出来了。然后在两边袖窿挑起编织单罗纹针，把门襟、领部联合起来挑针织边缘单罗纹针，在门襟的位置预留出4个扣眼。袖窿、门襟及领部的单罗纹边缘的最后两行都使用黑色奶棉线。编织完成的效果就是通体金黄背心的边缘镶上黑边，颜色特别亮丽。

在春秋两季，背心的使用频率特别高，是比较实用的宝宝必备衣物，这一款金黄绞花镶边背心适合男、女宝宝穿着，大方实用，春秋两季可以在外穿着，冬季的时候还可以穿在里面。

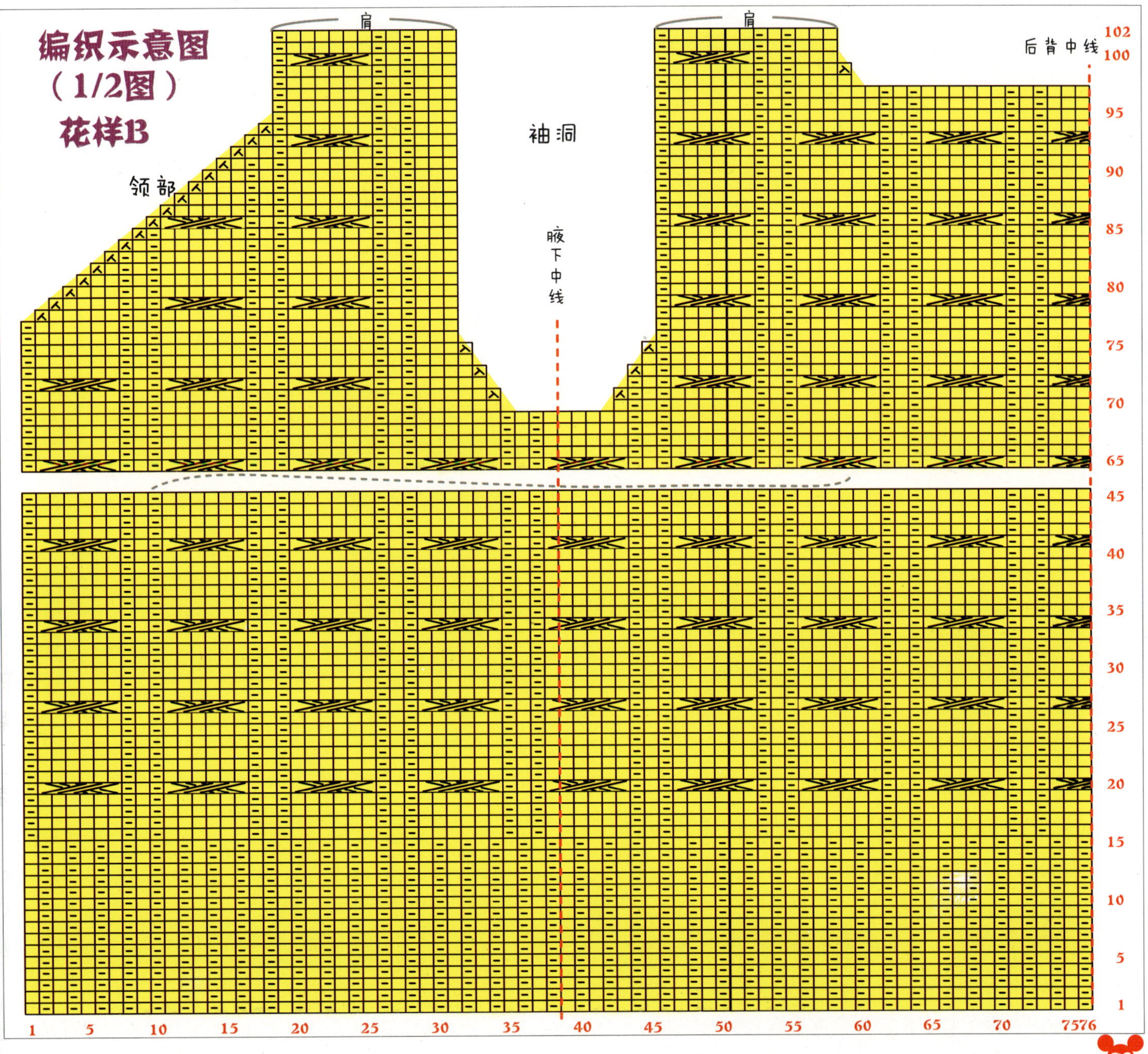

编织示意图
（1/2图）
花样B
肩
肩
袖洞
领部
腋下中线
后背中线
102
100
95
90
85
80
75
70
65
45
40
35
30
25
20
15
10
5
1
1
5
10
15
20
25
30
35
40
45
50
55
60
65
70
7576

淡黄蓬松前开背心

娃娃衫式的小背心，特别能显出小宝宝的可爱、公主式的气质，配以仿珍珠的纽扣，更觉精致大方，下摆边的特别设计更显个性！

淡黄蓬松前开背心

制作详解

【工具】

12号棒针。

【材料】

淡黄色中粗奶棉60g。

【辅料】

纽扣5枚

实物尺寸及整体编织示意图

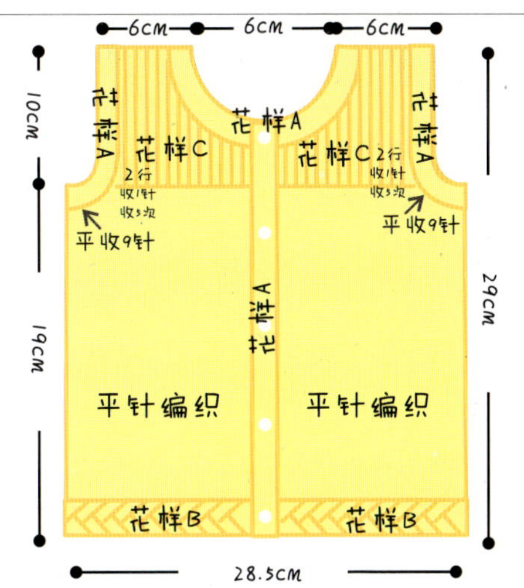

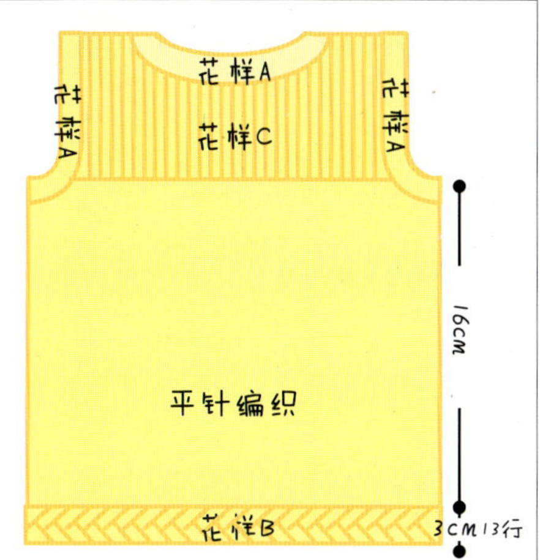

花样A（用于前片、后片胸上部分）

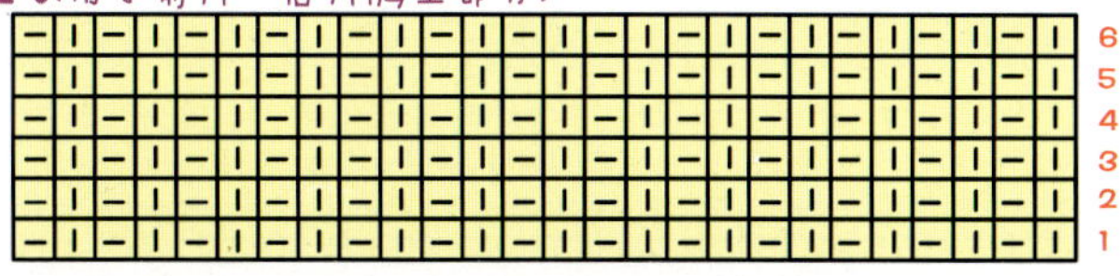

花样B（向上编织59cm，然后从左侧边挑起152针织平针）

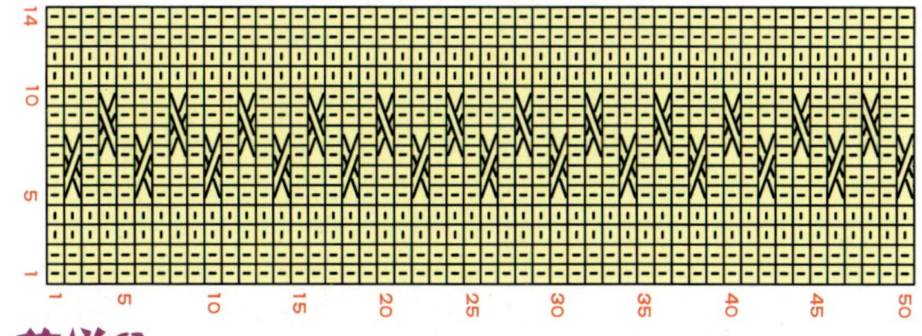

花样C（用于袖洞、门襟及领圈）

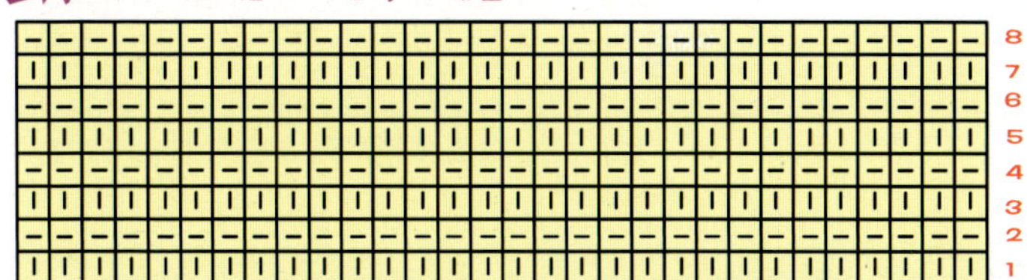

【编织要点】

这是一款适合女宝宝穿着的小背心。

下摆的边缘是长条形织片，起14针，按花样编织59cm，然后从左侧边挑起152针，编织平针至腋下。按图将整体分成左前片、右前片和后片，这三片分别编织几行平针后开始编织花样A，即单罗纹针法，注意袖窿、前领窝、后领窝的收针。编织完以后，将左右两边的肩部分别缝合起来。缝合完毕以后，在袖窿挑起织花样B。门襟和领窝连接挑起织花样C，在门襟部分预留出扣眼，在另一边门襟钉上纽扣，背心便完成了。

编织示意图（1/2图）

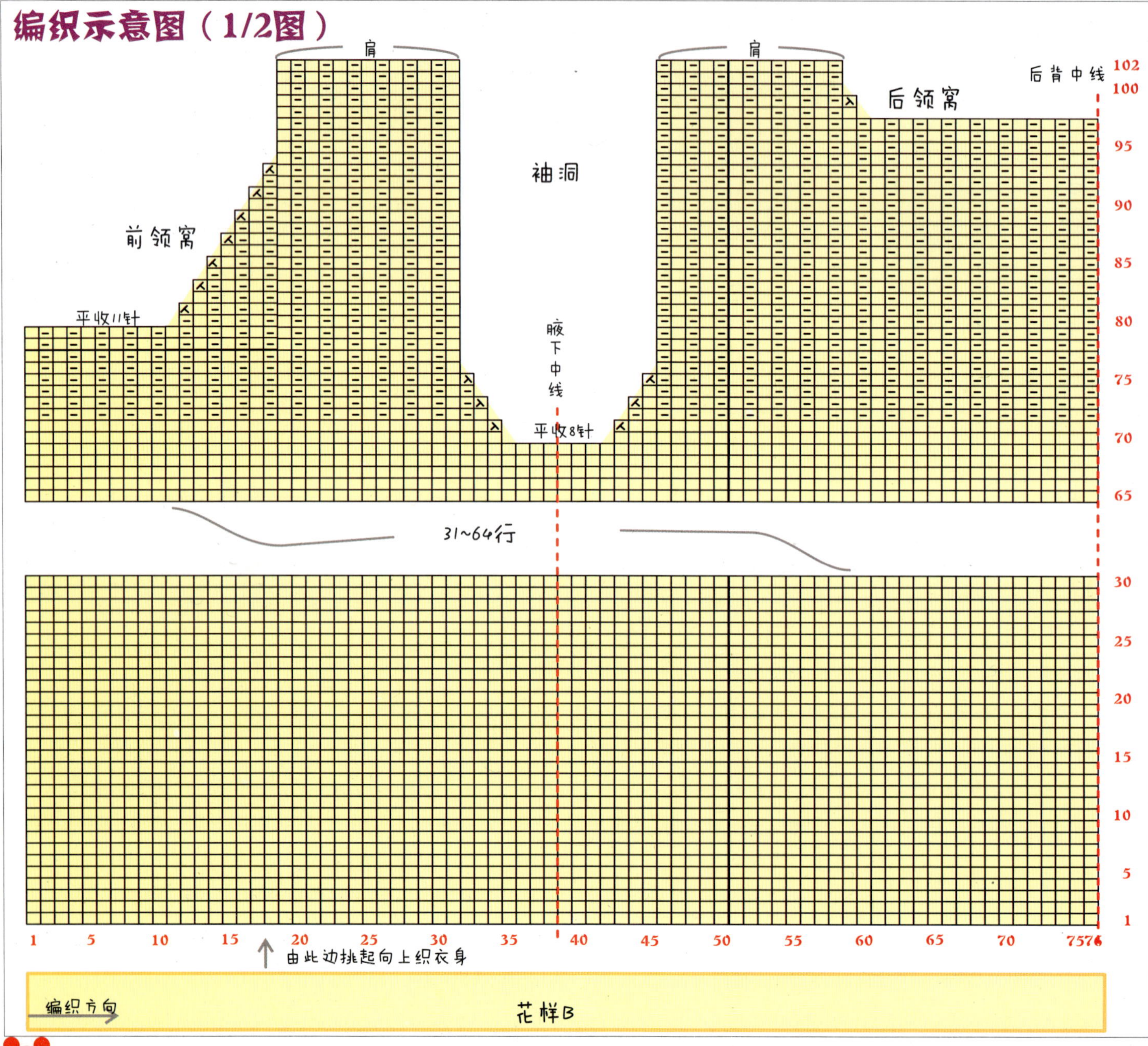

肩
肩
后背中线
后领窝
袖洞
前领窝
平收11针
腋下中线
平收8针
31~64行
102
100
95
90
85
80
75
70
65
30
25
20
15
10
5
1
1 5 10 15 20 25 30 35 40 45 50 55 60 65 70 75 76
由此边挑起向上织衣身
编织方向
花样B

向阳花套头衫

胸前美丽的向阳花，让整款衣服都显得阳光起来，金黄的衣服，金黄的世界，金黄的希望……

向阳花套头衫

制作详解

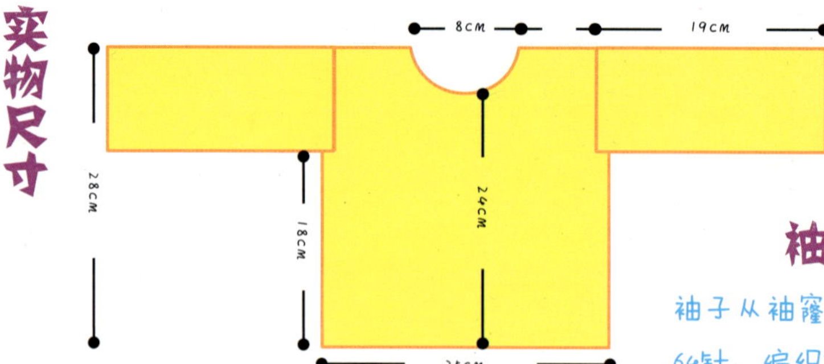

【工具】

12号棒针。

【材料】

金黄色中粗奶棉150g。

钩针符号说明

○	辫子针
+	短针
|	中长针

【编织要点】

这是一款肩开式套头衫，针法上采用了镂空针的变化，织出向日葵的图案。

从下摆环形起针，按图示编织花样，下摆有三层横向镂空的花样，在胸前有向日葵花样。编织到腋下分前片、后片，前片收前领窝，两肩上织6行来回针，并留出扣眼，后片不收，在最上面织6行来回针，缝合肩部的时候将前片、后片的来回针交叠缝合。袖子部分从袖洞直接挑起编织，按图示编织4次镂空花样。为了织物平整，可以在领圈用钩针织1行短针。

袖子编织图

袖子从袖窿挑起编织，共挑起64针，编织75行，图示为32针，为1/2编织图。

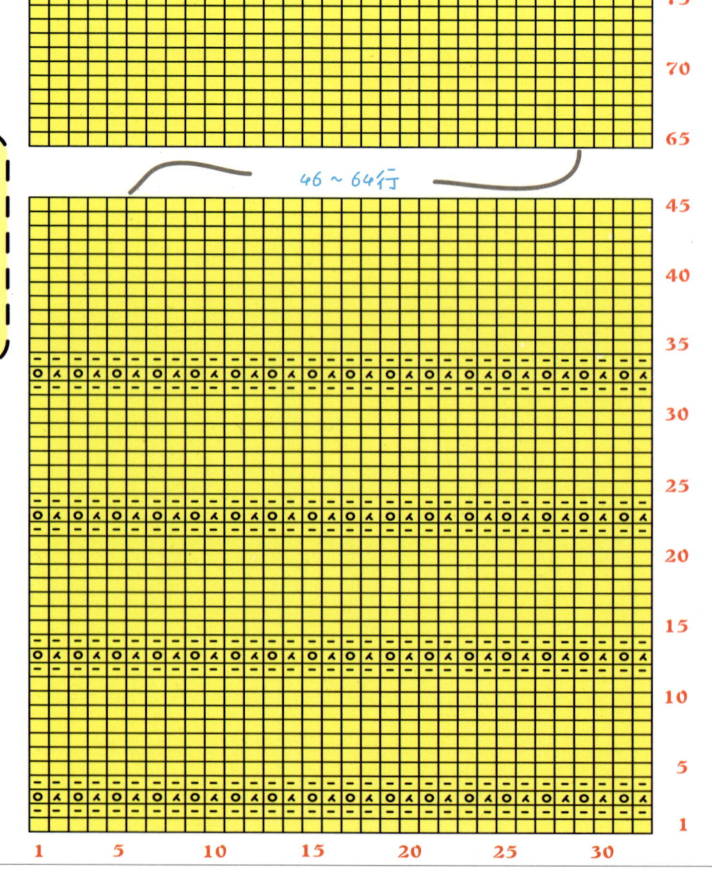

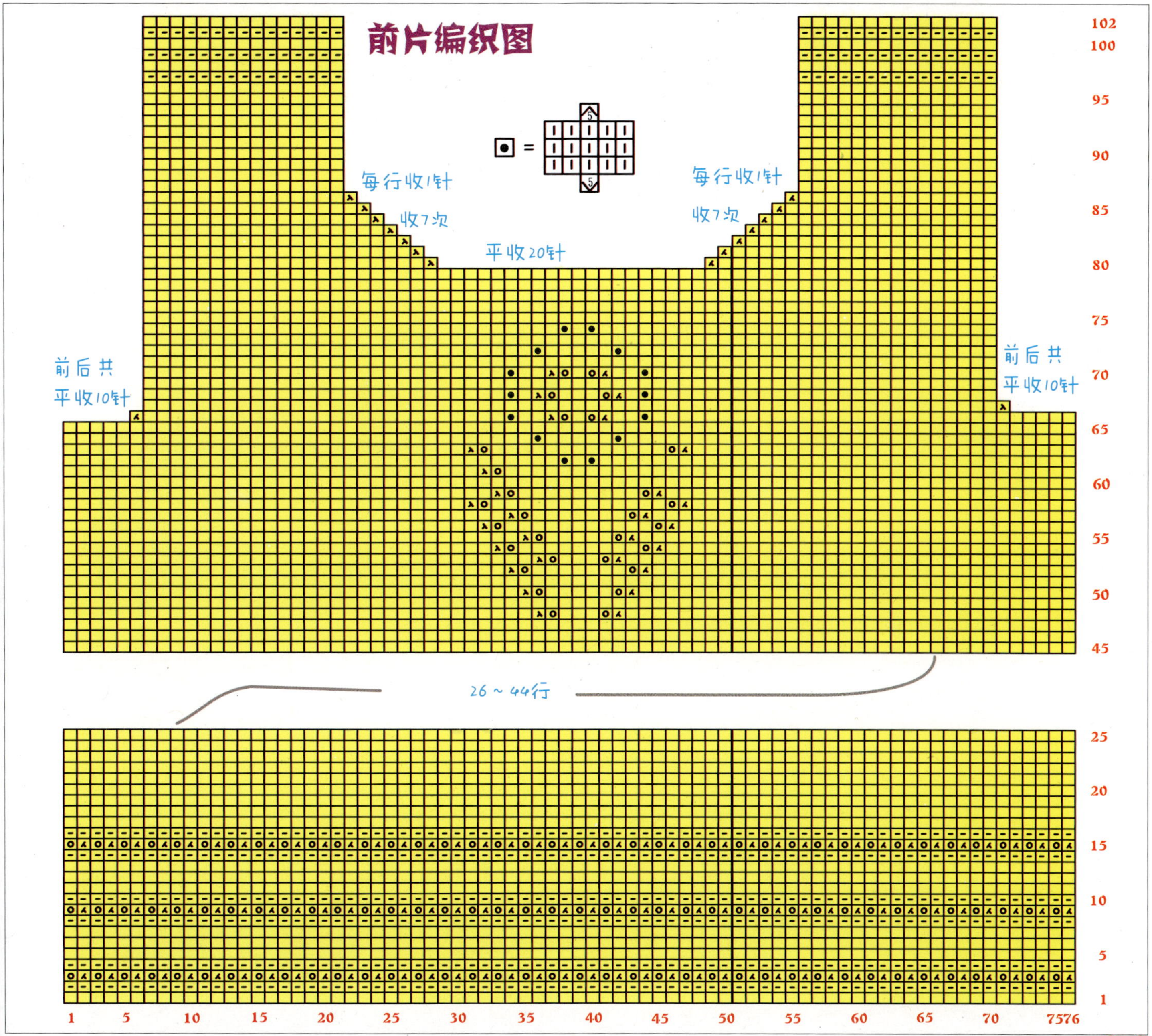

前片编织图

▣ = 5
每行收1针
收7次
平收20针
每行收1针
收7次
前后共
平收10针
前后共
平收10针
26～44行
102
100
95
90
85
80
75
70
65
60
55
50
45
25
20
15
10
5
1
1
5
10
15
20
25
30
35
40
45
50
55
60
65
70
7576

可爱草莓小斗篷

秋天来了，各式各样的毛织品都展示出来，一件精致可爱的小斗篷特别适合我们的宝贝，灵活、保暖且美观。

可爱草莓小斗篷

制作详解

【工具】

12号棒针；

2.0mm钩针；

毛线缝针；

手缝针。

【材料】

白色中粗奶棉60克；

红色、草绿色线少许。

【辅料】

红色纽扣3枚。

【编织要点】

这是一款从领部向下编织的小斗篷，主花样是连续的菱形菠萝花，领部是小圆角翻领，边缘用钩花作装饰。

在编织的过程中，将整个织物分成8个相同的部分，在8个部分的两边进行添针，将织物扩展开去。编织的顺序是先编织斗篷部分，再编织翻领部分，最后编织边缘花样。

领部上方的两角，通过逐行收针的方式使之成圆弧形状，两个圆弧的收针相同，最后形成的效果才显得对称。

这种小斗篷是近年非常流行的服饰小件，不仅美观时尚，而且实用性强，适用的季节也较长，可以穿在吊带衫、衬衣，毛衣甚至棉衣的外面。

装饰草莓编织图

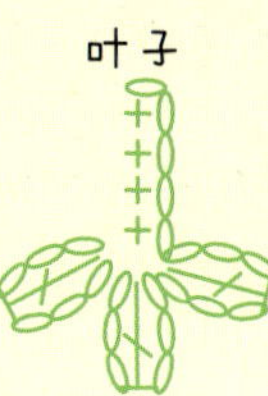

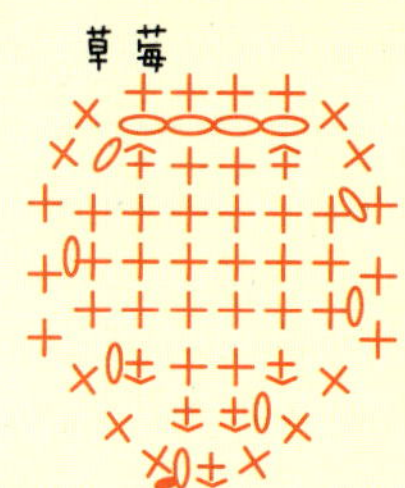

钩针符号说明

符号	说明
∘	辫子针
+	短针
|	中长针

实物尺寸及结构分布图

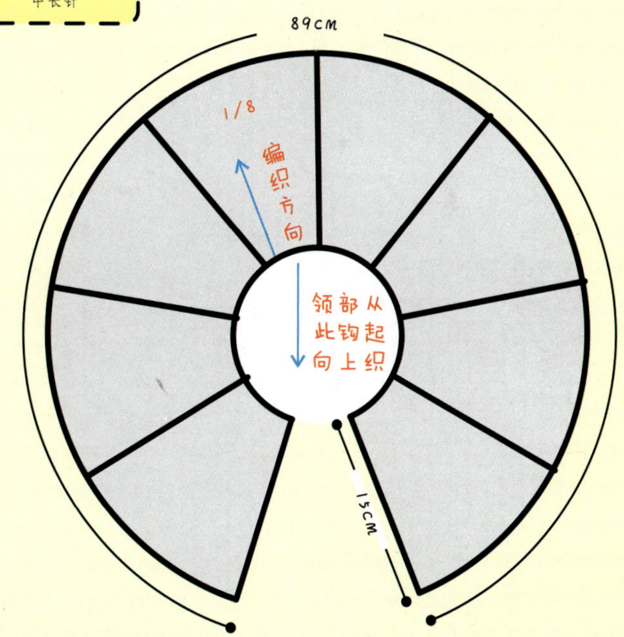

边缘花样

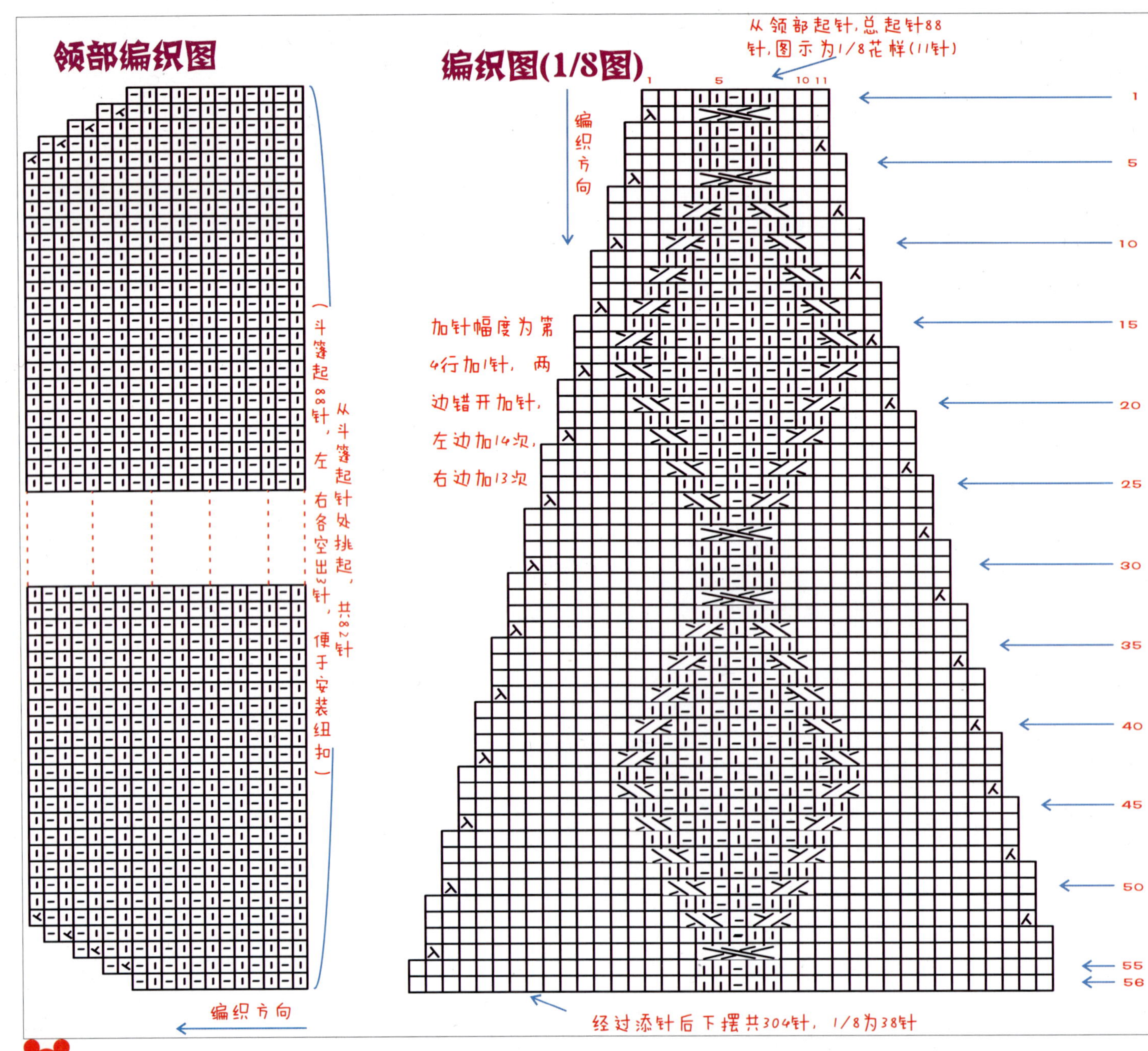

领部编织图
编织图(1/8图)
从领部起针，总起针88针，图示为1/8花样(11针)
1
5
10 11
编织方向
1
5
10
15
20
25
30
35
40
45
50
55
56
加针幅度为第4行加1针，两边错开加针，左边加14次，右边加13次
（斗篷起88针，左、右各空出3针，便于安装纽扣）
从斗篷起针处挑起，共82针
编织方向
经过添针后下摆共304针，1/8为38针

豆绿V领开衫

青青的绿，让宝宝穿上更像一棵嫩绿的幼芽，前开的V领式衣服，穿脱方便，俏皮帅气。

草绿V领开衫

制作详解

【工具】

12号棒针；

手缝针。

【材料】

草绿色中粗奶棉130g。

【辅料】

纽扣5枚。

【编织要点】

这是一款前开式V领毛衣，适合男宝宝在春秋季穿着。

整体从下摆位置起针，按图示编织至腋下位置，然后将织片分成三部分编织：后片、左前片、右前片。两块前片在收袖窿的同时还要注意收出V领的形状。把这三部分分别编织完以后，将两边肩部的位置缝起来。接着分别从两边的袖窿挑起来编织袖部的花样（花样B），在两只袖口的位置编织边缘花样（花样C）。最后编织门襟和领部的边缘花样，所使用的花样还是花样C，注意的是在右边门襟处要预留好扣眼，一共是5处。

全部编织完毕后，检查好各处的接头及尾线的处理情况。熨烫一下，织物会更精美。

实物尺寸

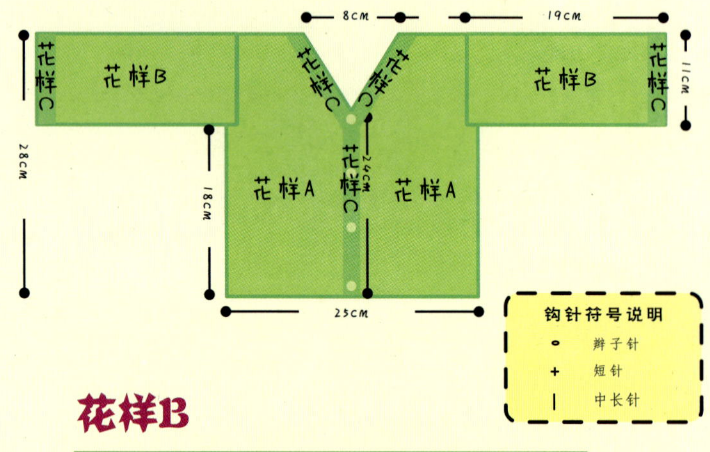

花样B

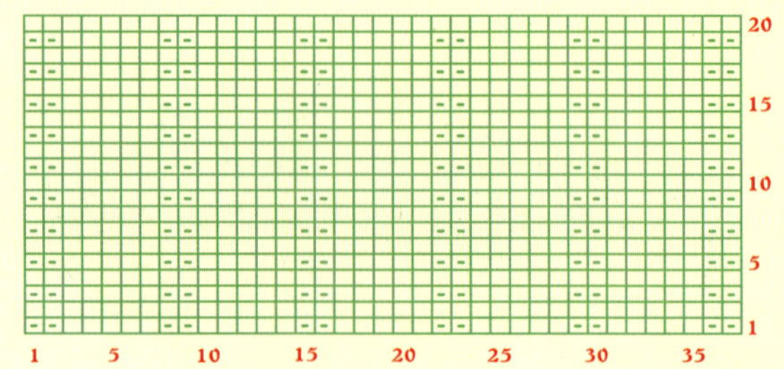

花样C

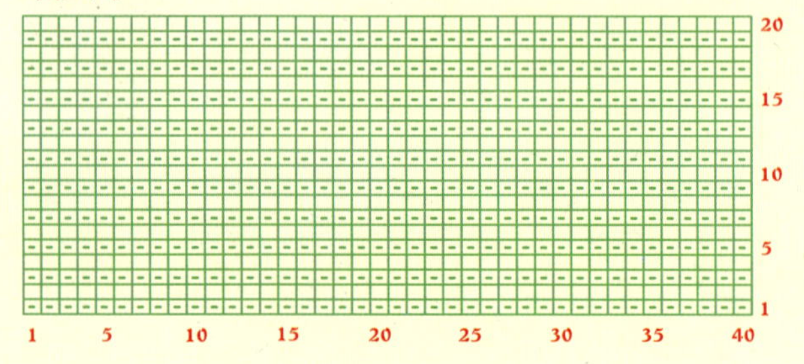

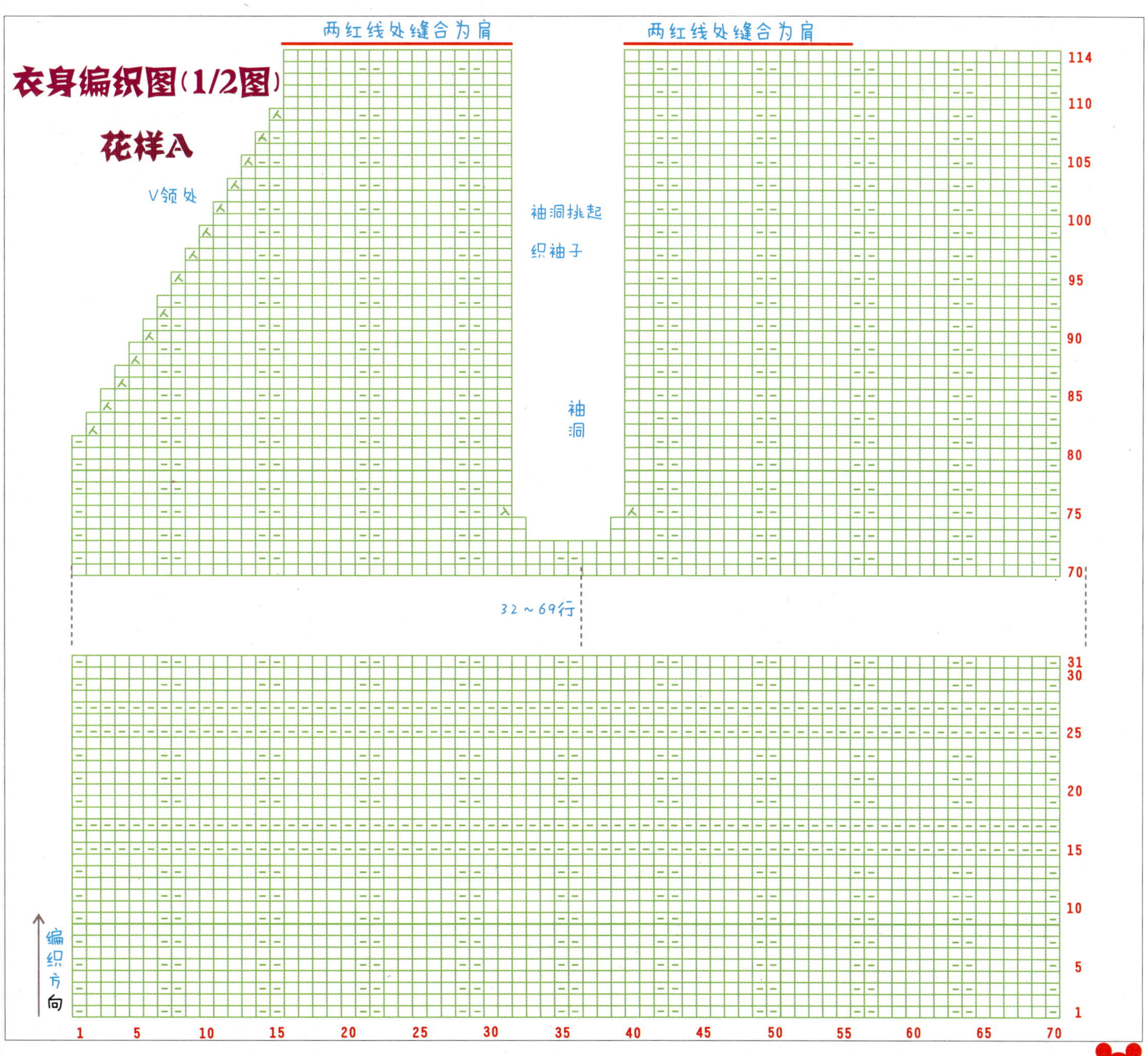

衣身编织图(1/2图)
花样A
两红线处缝合为肩
两红线处缝合为肩
V领处
袖洞挑起
织袖子
袖洞
32～69行
编织方向
114
110
105
100
95
90
85
80
75
70
31
30
25
20
15
10
5
1
1 5 10 15 20 25 30 35 40 45 50 55 60 65 70

圆领连体衣

连体衣的好处在于，让好动的宝宝在不停活动的时候，腰腹部不会因为运动而露出来，安静的时候也不会因为上下装的重复而累赘。

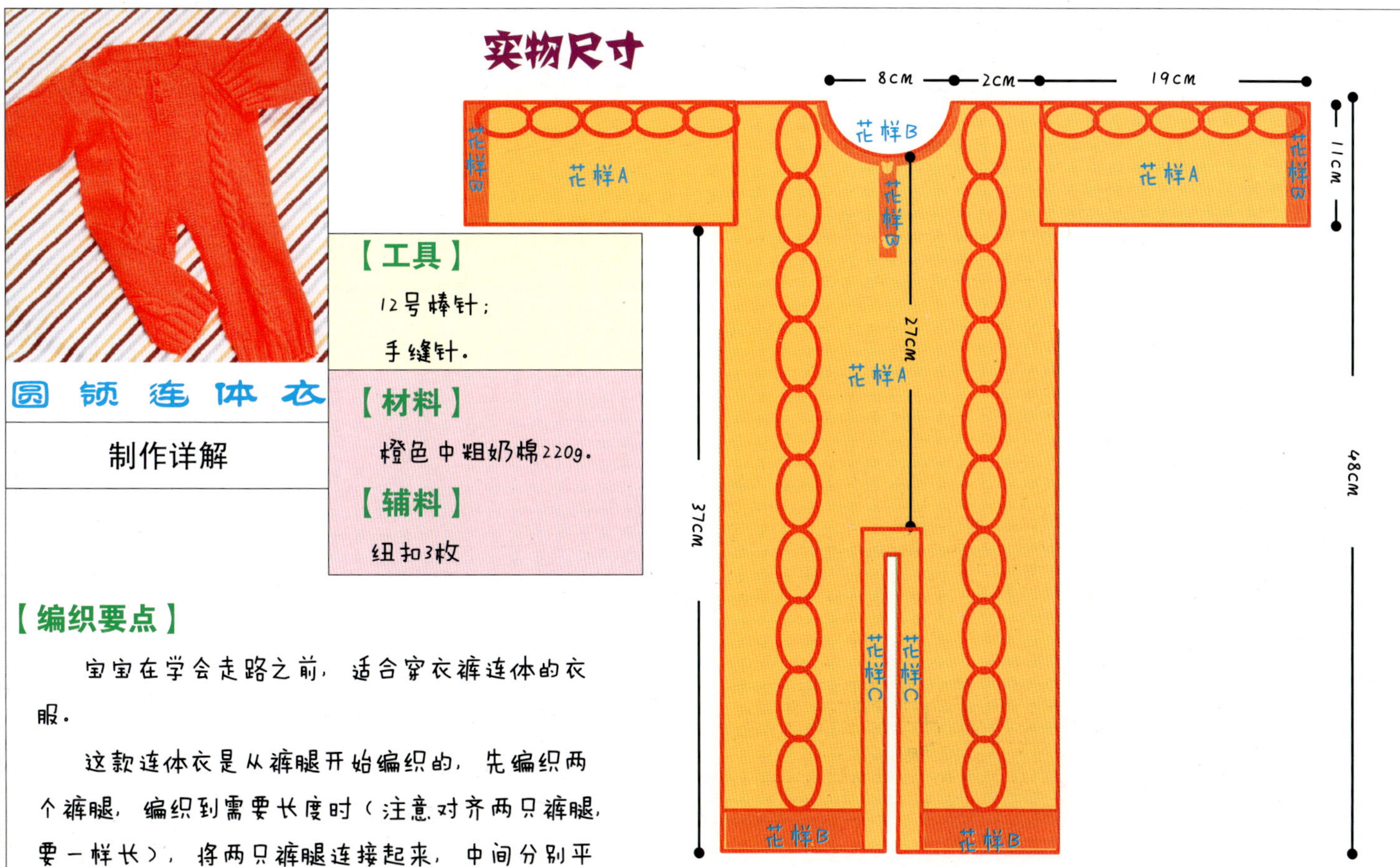

圆领连体衣

制作详解

【工具】

12号棒针；

手缝针。

【材料】

橙色中粗奶棉220g。

【辅料】

纽扣3枚

【编织要点】

宝宝在学会走路之前，适合穿衣裤连体的衣服。

这款连体衣是从裤腿开始编织的，先编织两个裤腿，编织到需要长度时（注意对齐两只裤腿，要一样长），将两只裤腿连接起来，中间分别平添8针，然后编织衣身，编织到腋下的时候，分出前片、后片。后片挖出袖窿弧形后一直编织到后领窝；前片则要分成左前片和右前片，两片中间钉纽扣，方便宝宝的穿脱。

这款衣服的主要花样是大的绞花，绞的时候要注意松紧，绞花的位置分别在两裤腿中间向上对齐，背面也是同样的位置，袖子上的绞花位于袖子侧中线。

裤腿正面用于开合两用裆的地方，最后需要挑起来织来回针作边缘花样，正面这边的边缘留出扣眼，背面的边缘钉上纽扣。

由于使用了大的绞花花样编织，织出来的衣服会有一些收缩，可以用熨斗进行适度的熨烫，这样可以让衣服更平顺一些。

花样B

用于袖口、裤腿口及领口

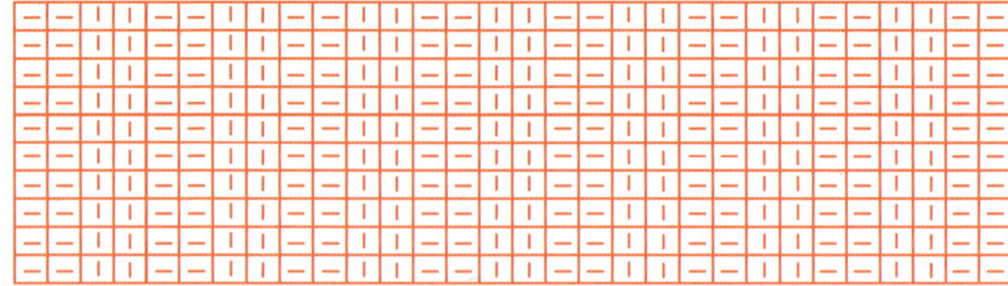

花样A

用于正衣身和袖子部分，正身的绞花由两裤腿正中向上对齐，袖部绞花在侧中心

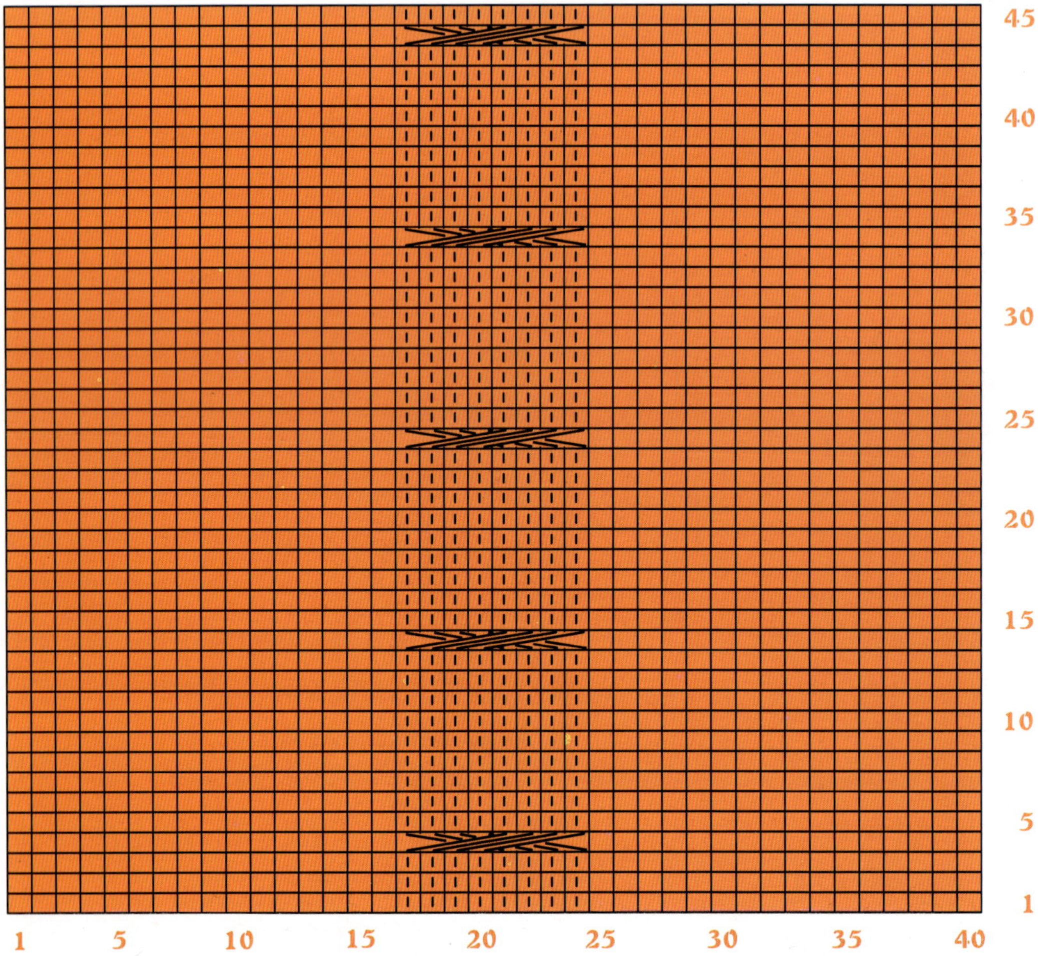

花样C

用于裤子部分两用裆开口处

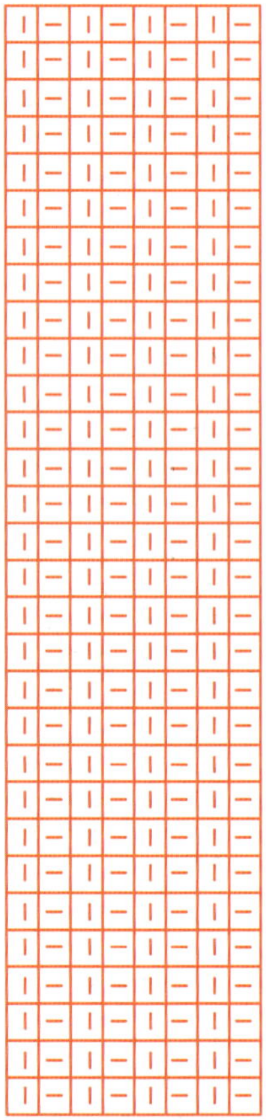

为宝宝设计一整套
风格相同的衣服及配饰，
会让宝宝显得更可爱、
更有个性，让宝宝从小
就特别，说明你是一个
称职的好妈妈哟！
开心蛙多件套

帽子
衣服（背面）

衣服（正面）

保暖鞋

裤子

开心蛙多件套

帽子制作详解

【工具】

2.0mm钩针；

毛线缝针。

【材料】

草绿色中粗奶棉30g；

白色、黑色、粉色线少许。

【编织要点】

这是一款用钩针编织的帽子，主要针法为长针，由多个圆形组合而成。整体呈现青蛙的状态，是整个套装系列的一部分。

眼睛正面编织图（2枚）

眼睛背面编织图（2枚）

钩针符号说明

o	辫子针
+	短针
|	中长针

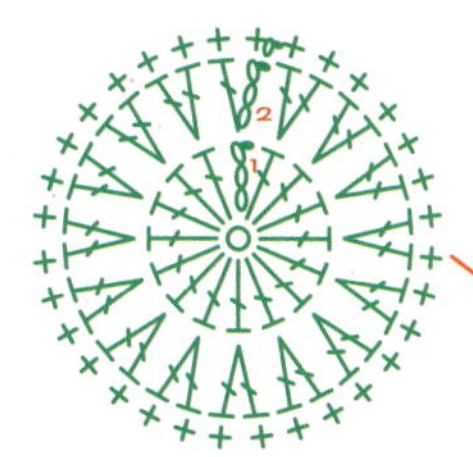

将正面和背面重叠缝合

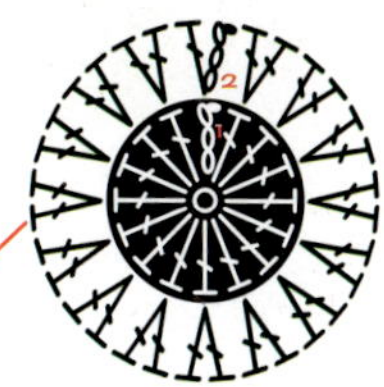

脸蛋编织图（2枚）

帽体编织图

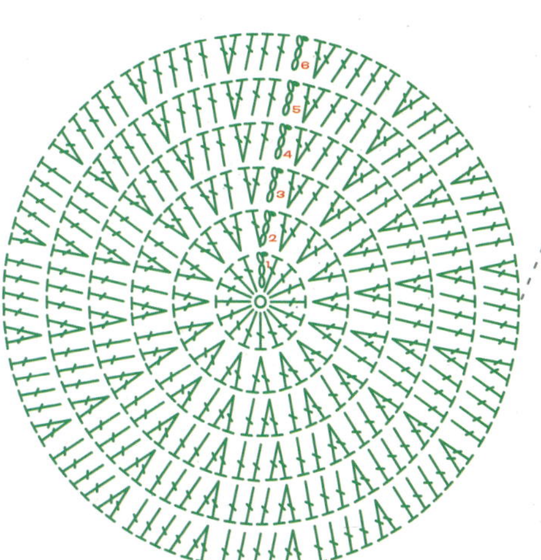

配色示意及实物尺寸

开心蛙多件套

鞋子制作详解

【工具】

2.0mm钩针；

13号棒针；

毛线缝针。

【材料】

草绿中粗奶棉35g；

白色、黑色、粉红色线少许。

【编织要点】

这是一款适合秋冬季穿着的高帮宝宝鞋，采用了钩织结合的编织方法，款式较中性，男宝女宝均适合。

眼睛（4枚）

腮红（4枚）

钩针符号说明

符号	说明
∘	辫子针
+	短针
|	中长针

鞋筒部分编织图

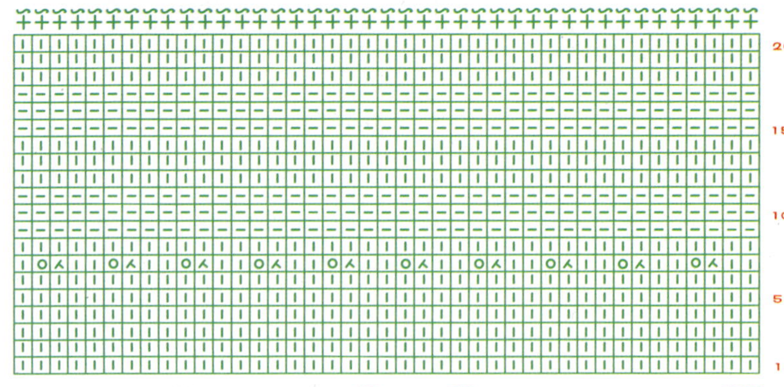

红线位置挑起织鞋口，挑针密度为1针中长针挑1针

虚线表示与旁边对应位置相连

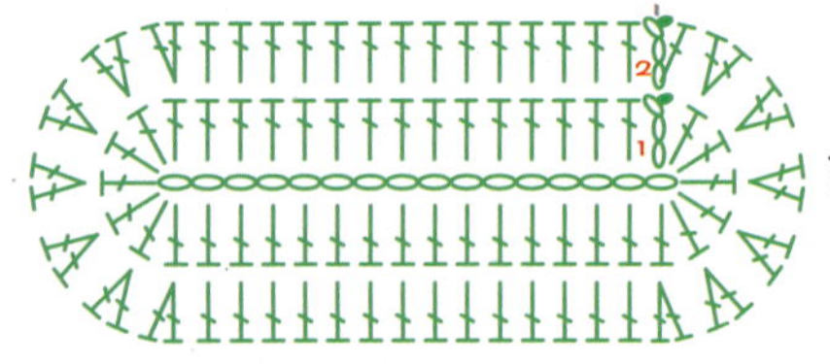

实物尺寸

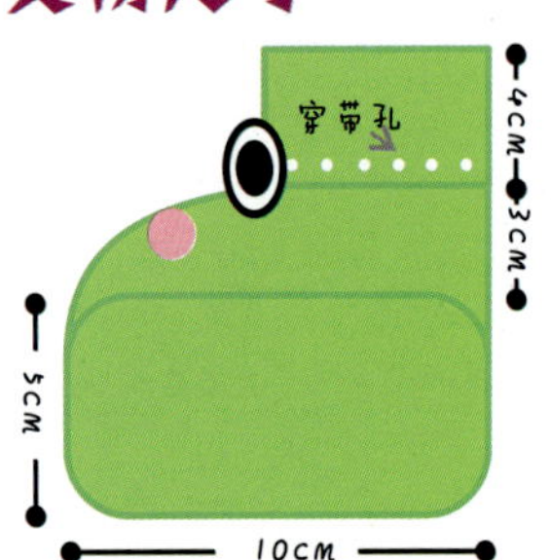

鞋底及鞋面部分编织图

开心蛙多件套

衣服制作详解

【工具】

12号棒针；

2.0mm钩针；

毛线缝针。

【材料】

白色中粗奶棉100g；

草绿色中粗奶棉40克；

黑色、粉红色线少许。

【编织要点】

这款毛衣是从领口开始编织的。起针后分成4份，隔行在4个位置加针，织至腋下后分前片、后片和袖片，分别织身体部分和袖子部分，最后绣上装饰的卡通头像。

后片青蛙编织图

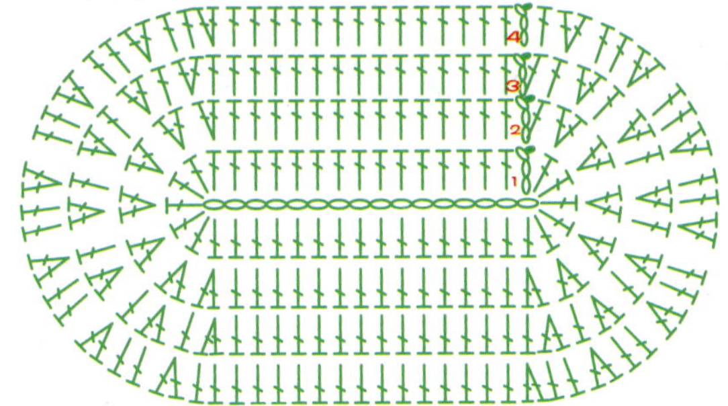

眼睛（2枚）

耳朵（2枚）

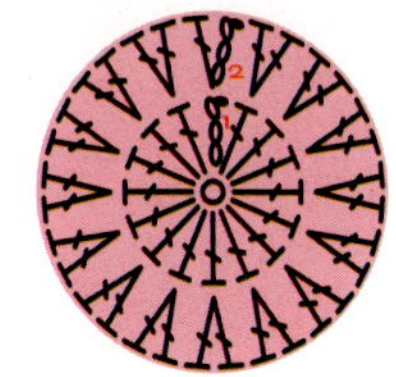

右前片青蛙编织图

花样A

（用于下边、袖口、领口、门襟）

花样B

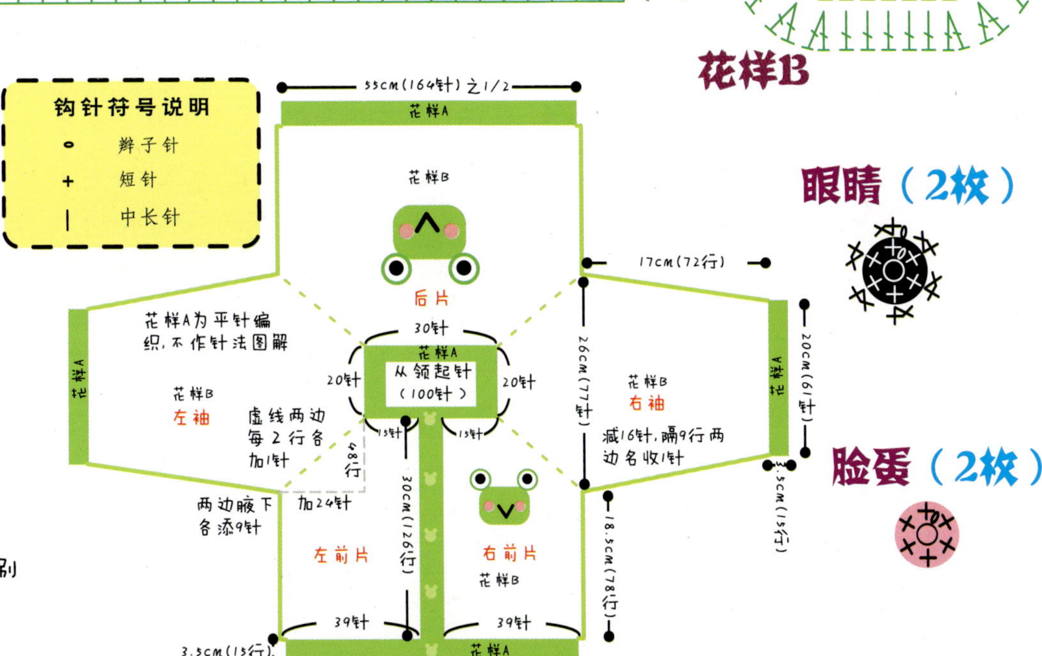

眼睛（2枚）

脸蛋（2枚）

开心蛙多件套

裤子制作详解

花样A（用于裤腰、裤脚）

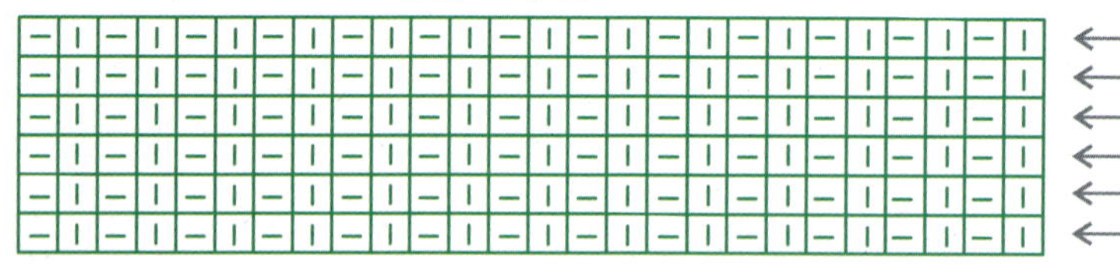

青蛙眼睛（2枚）

花样C

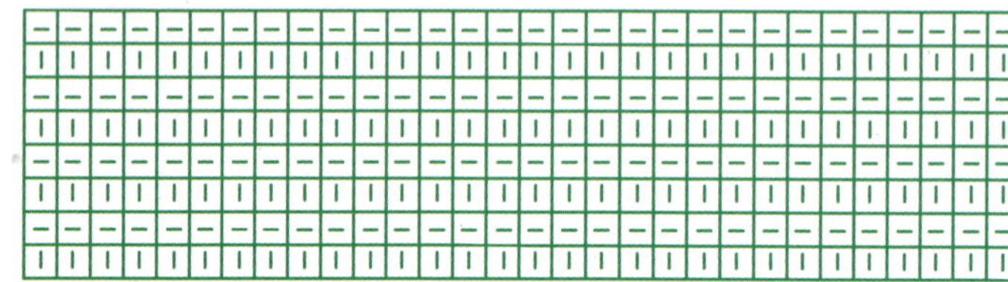

青蛙脸蛋（2枚）

【工具】

12号棒针；

2.0mm钩针；

毛线缝针。

【材料】

草绿色中粗奶棉线80g；

白色、黑色、粉红色线少许。

【辅料】

松紧带1根。

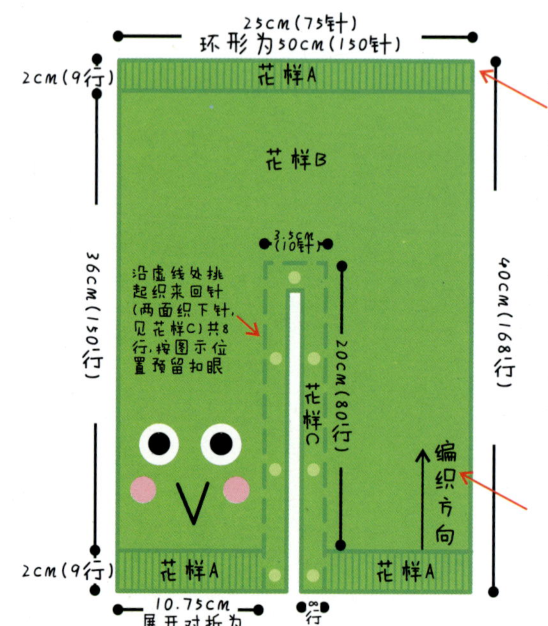

先分别编织两条裤腿，然后合并。合并时两片中间各加10针，然后向上编织，最后编织裤腰

【编织要点】

这是一条用棒针编织的开合两用裤，适合一周岁以内的宝宝，特别方便妈妈的日常照料。

冬

孕妇基本常识之 友情提示

冬天气候寒冷，孕妇们每天还有大量的户外活动，因此保暖用品非常必要，尤其是直接露在外面的头部更需要一条柔软美观的围巾。

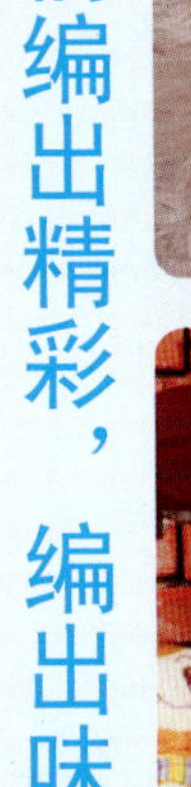

让我们编出精彩，编出味道，体会编织带给我们的乐趣！

秀秀自家的钩编达人才艺，展示一片爱心给未来的宝宝！

冬季是易患流感的季节，孕妇本人要多加小心，尽量避免到人群多的公共场所。外出乘坐公共交通工具时应尽量戴口罩，回家后首先要洗手。

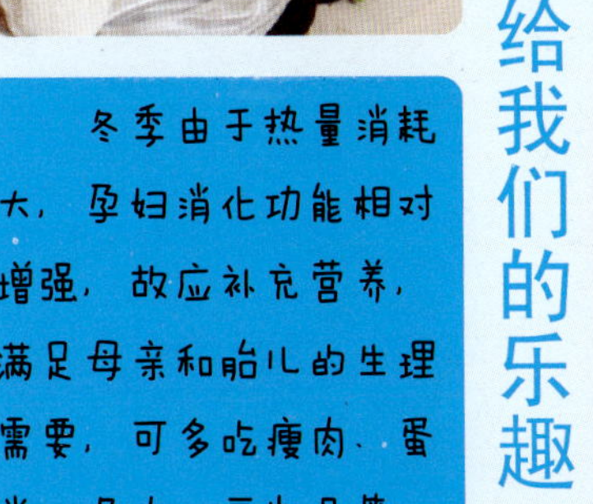

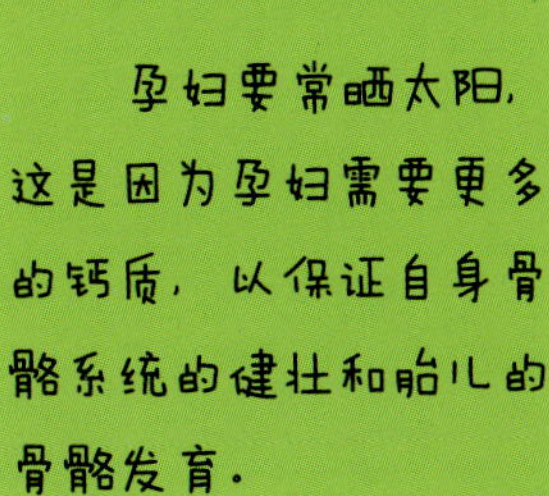

孕妇要常晒太阳，这是因为孕妇需要更多的钙质，以保证自身骨骼系统的建壮和胎儿的骨骼发育。

冬季由于热量消耗大，孕妇消化功能相对增强，故应补充营养，满足母亲和胎儿的生理需要，可多吃瘦肉、蛋类、鱼肉、豆制品等。

孕妇感冒后，要多喝水，要换室内空气，注意保暖，禁用一些有致畸作用的药物，如反应停、链霉素、四环素、新生霉素等。

菠萝花披肩
婀娜多姿的菠萝花始终是那样迷人。用菠萝花为宝宝织一件披风，让宝宝也一起沉浸在菠萝的香气里……

菠萝花披肩

制作详解

【工具】

2.0cm钩针。

【材料】

黄色中粗奶棉150g；

白色中粗奶棉120g。

【成品尺寸】

展开宽90cm，

长45cm。

【编织要点】

这是一款经典的菠萝花披肩，色彩亮丽，形态优美。上面通过穿绳系带收拢，方便实用。颜色上采用了双色的搭配，使单一的花样显得更生动、活泼。

在编织时注意手用力的松紧，这直接影响织物的平整效果。

钩针符号说明

符号	说明
○	辫子针
+	短针
|	中长针

边缘花样

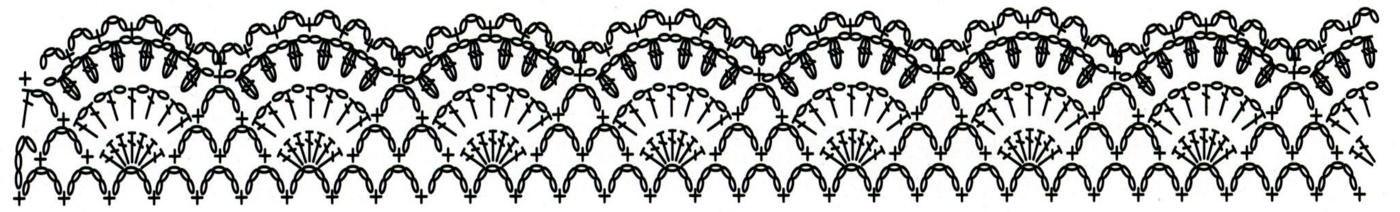

何为女红

释义，女红属于中国民间艺术的一环。在过去多半是指女子的针线活方面的工作，像是纺织、编织、缝纫、刺绣、拼布、贴布绣、剪花、浆染等，凡妇女以手工制作出的传统技艺，就称为“女红”。中国女红艺术的特点是讲究天时、地利、材美与巧手的一项艺术，而这项女红技巧从过去到现在都是由母女、婆媳世代传袭而来，因此又可称为“母亲的艺术”。大体上分纺织、浆染、缝纫、刺绣、鞋帽、编结、剪花、面花、玩具九类。

“女红”最初写作“女工”，后来随时代发展，人们更习惯用“女工”一词指代从事纺织、缝纫、刺绣等工作的女性工作者，它的本义反而被置于从属地位，为避免混淆，人们用“红”为“工”的异体，“女工”的本义被转移到“女红”一词上，而它本身则转型成功，借另一意义获得重生。

披肩编织图

可爱宝贝盖毯

手钩线毯柔软舒适，小熊的图案也非常讨人喜欢。

刚出生的宝宝每次睡眠的时间不太长，但玩一会儿就会累，就会睡着，白天当宝宝小睡的时候，就可以用这种小毯盖住宝宝。

可爱宝贝盖毯

制作详解

【工具】

2.0mm钩针。

【材料】

大红色中粗奶棉350g。

【编织要点】

整款只用了两种钩针辫法：长针和辫子针。编织是由底边起针，从右到左、翻来覆去编织，就像是做填色游戏，填实心色块和空格，通过这样来显示出一个个小熊的形象。编织完毕以后，沿四边钩边缘花边作装饰，使毯子看上去更漂亮。

编织示意图

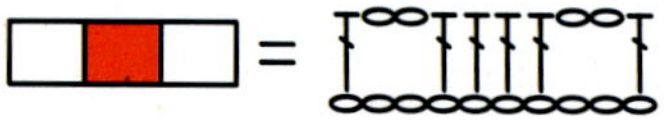

钩针符号说明

- ○ 辫子针
- + 短针
- | 中长针

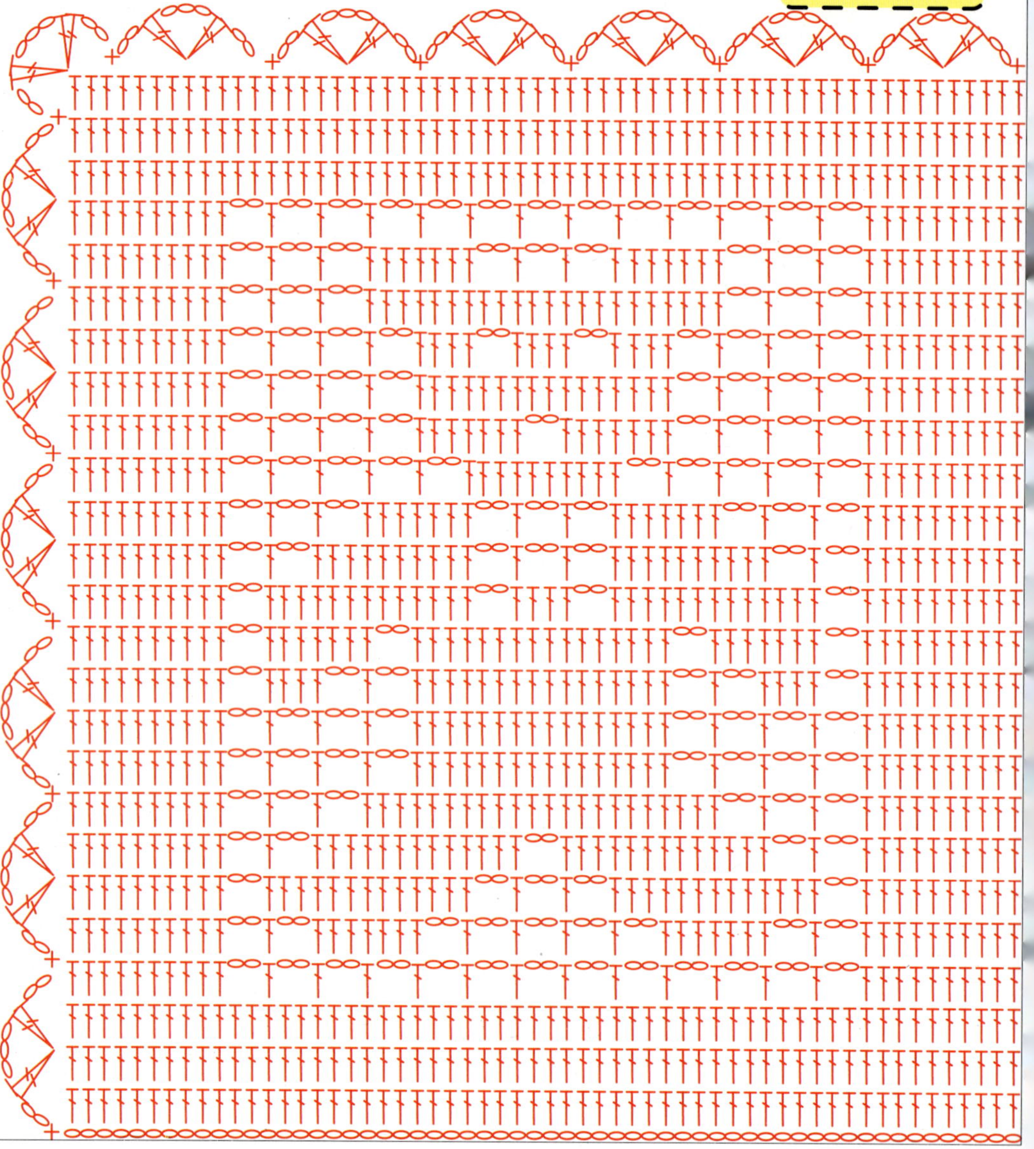

整体示意图

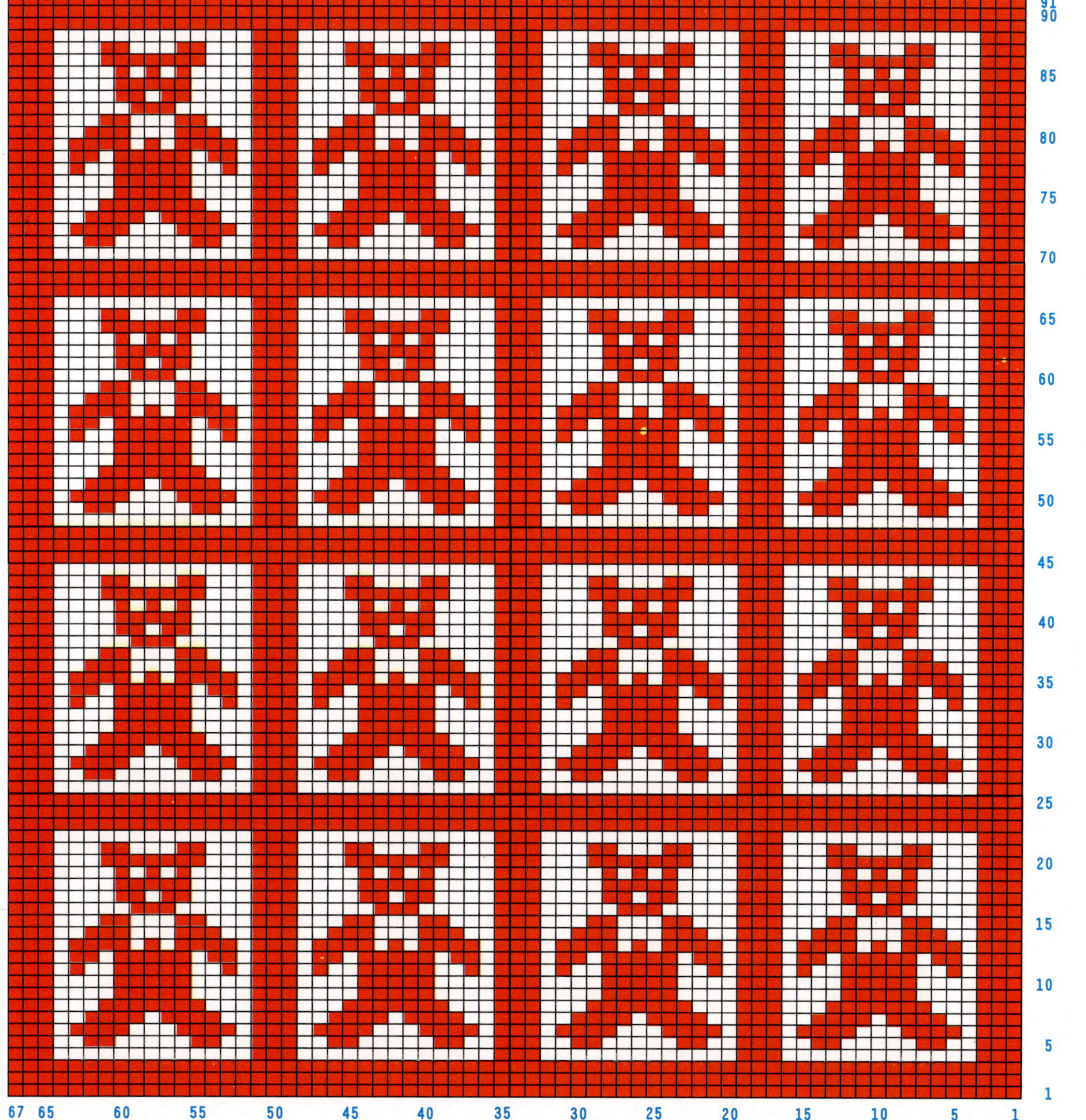

起250针，织91行

可爱的猫咪，粉嘟嘟的毛球，我就是快乐的小野猫，聪明灵动的小野猫……

红色斑点猫咪帽

红色斑点猫咪帽

制作详解

【工具】

2.0mm钩针；

毛线缝针。

【材料】

红色中粗奶棉25g；

白色中粗奶棉少许。

钩针符号说明

符号	说明
∘	辫子针
+	短针
丨	中长针

【编织要点】

这是一款卡通风格的护耳帽，选用了可爱的猫咪造型，俏皮时尚，护耳的设计御寒效果特别好。

帽子是使用钩针编织的，主体使用长针针法，由帽顶开始编织，扩展成需要的圆形以后继续加高至需要的深度，然后在两耳朵的位置钩出护耳的部分。

另外用短针钩出两只猫耳朵，中间是白色，边缘一圈是红色，用长针钩出5个白色的小圆点，错落地点缀在钩好的帽体上，接着在两个护耳的下方的中间分别钩出一根长约30cm的辫子针长绳，在两条长绳的另一端分别系上一个毛线球作装饰。

实物尺寸及配色示意图

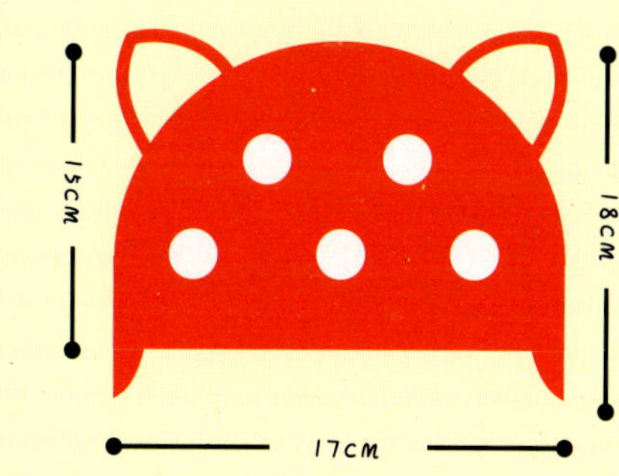

如何制作毛线球

1. 用圆规在硬纸板上画两个直径为4cm（按需要的毛球大小定）的圆圈。
2. 再以圆圈的中心为基本点各画一个直径为1.5cm的圆圈。
3. 剪下圆圈，并把中心直径为1.5cm的圆圈挖空，成为一个孔。
4. 选好要用的毛线，把两个圆圈重叠在一起，毛线从两个圆圈中间的孔穿出绕向外圈，再绕回孔内，如此反复绕线，把外圈整个绕满毛线。
5. 将绕好线的毛线圈用锋利的刀片剪断，将两个纸圆圈分离，剪断后先不要把圆圈取出，只向两边各移一点，不要将剪断的毛线弄乱。
6. 用同色毛线将中间系紧，留一段线头。
7. 取下两个纸圆圈，拿住线头部分，将毛线整理一下，就是一个非常好看的毛线球了。

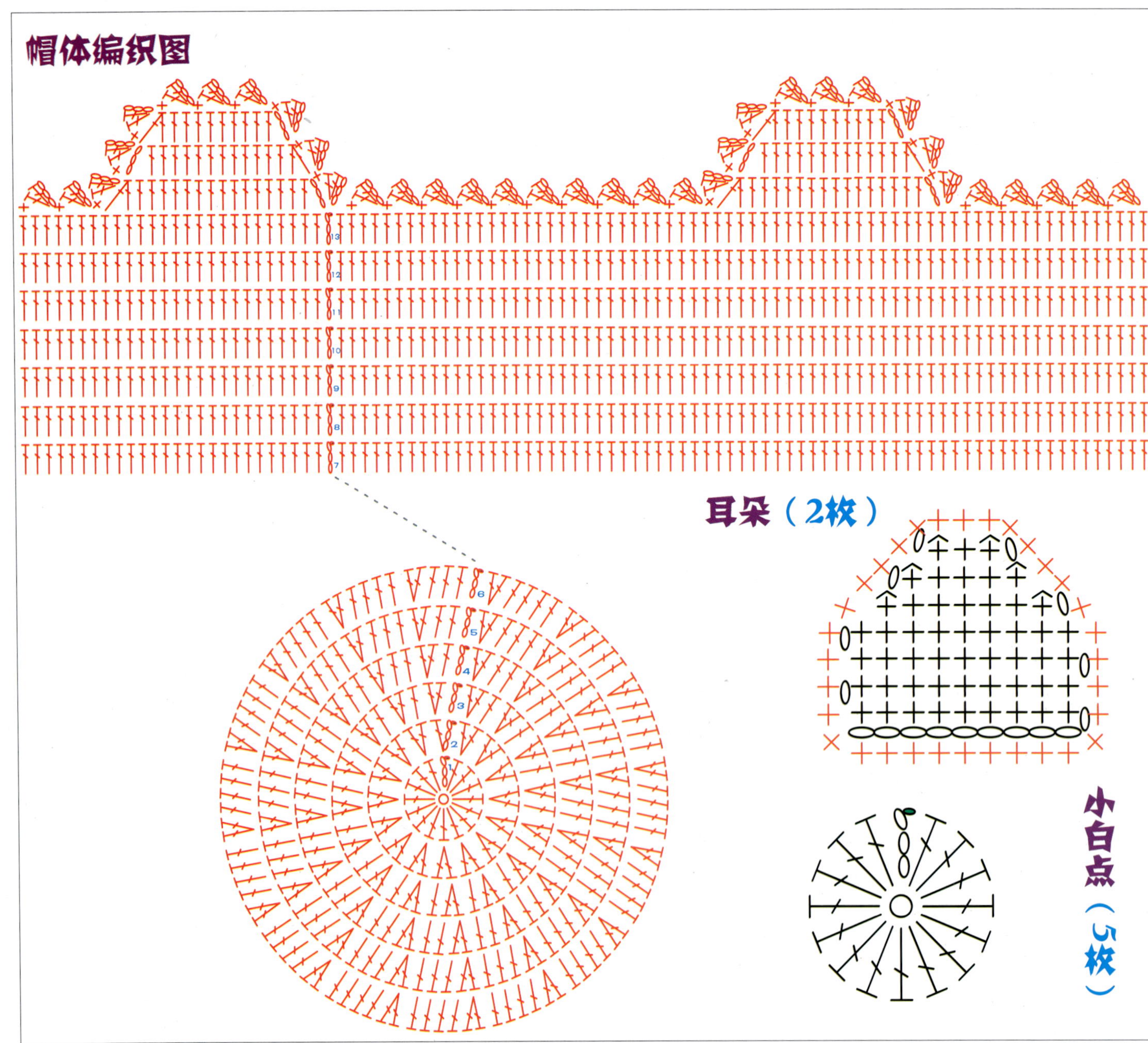
帽体编织图
13
12
11
10
9
8
7
6
5
4
3
2
1
耳朵（2枚）
小白点（5枚）

粉色宽松围脖帽
冬季，保护宝宝细嫩的脸蛋和小耳朵是最重要的事情，妈妈们总是会为宝宝准备各式的护耳帽。这款可爱时尚的护耳帽会是你的选择吗？

粉色宽松围脖帽

制作详解

实物尺寸

护耳及围脖部分编织图

装饰小花编织图(2枚)

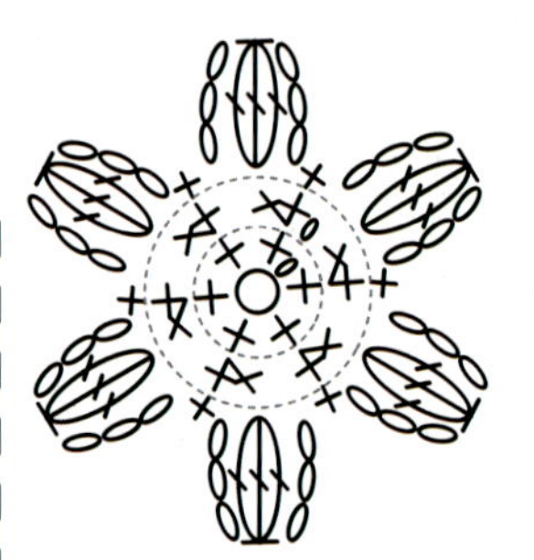

【工具】

12号棒针；
2.0mm钩针；
毛线缝针。

【材料】

淡紫色中粗奶棉40g；
白色、黑色中粗奶棉少许。

钩针符号说明

符号	说明
○	辫子针
+	短针
|	中长针

装饰小花配色图(2枚)

【编织要点】

帽子从帽檐开始编织，编织绞花花样，到帽顶的部分开始陆续收针，最后完全收口。然后在帽檐接近两耳的部位挑起织护耳及围脖部分，具体的细节可参照编织图。

编织完以后，做3个淡紫色的毛线球，分别固定在帽顶及两围脖下方，并钩两朵装饰小花，缝制在左边护耳的上面。

帽子编织图

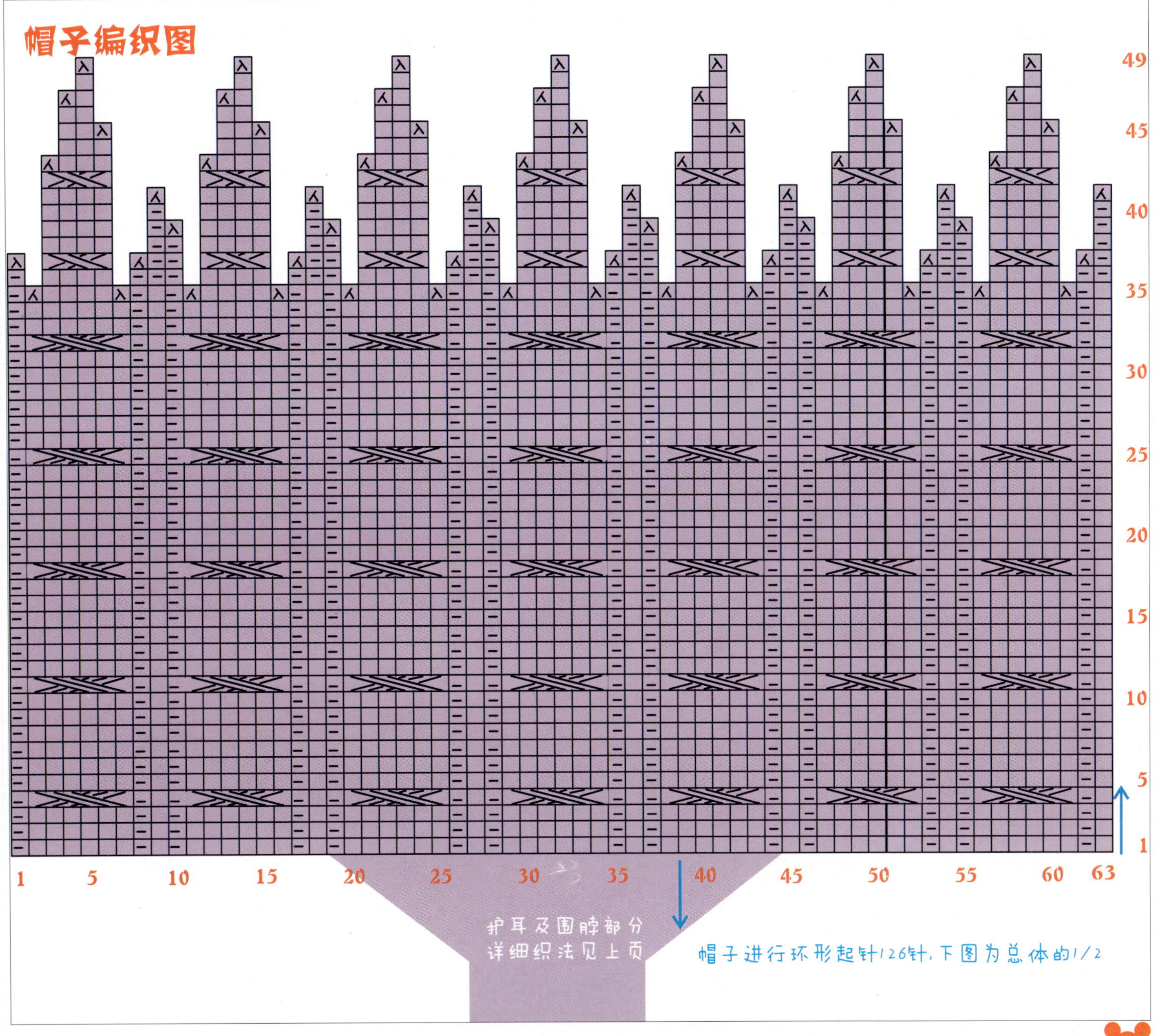

49
45
40
35
30
25
20
15
10
5
1
1 5 10 15 20 25 30 35 40 45 50 55 60 63
护耳及围脖部分
详细织法见上页
帽子进行环形起针126针，下图为总体的1/2

高帮翻转冬鞋

冬季，为宝宝准备一双舒适又保暖的小鞋子是每个妈妈都要做的事，记得一定要选择鞋帮较高的款式哦，这样宝宝在活动的时候脚踝才会受到很好的保护！

高帮翻转冬鞋

制作详解

【工具】

2.0mm钩针；

手缝针。

【材料】

A：淡蓝色中粗奶棉15g；

白色中粗奶棉少许；

B：草绿色中粗奶棉15g；

白色中粗奶棉少许。

【辅料】

纽扣2枚。

【编织要点】

这款鞋采用钩织相结合的方法，在款式上男女宝宝皆宜。

鞋底及鞋身部分是采用钩针编织的，使用针法是长针。鞋底是椭圆形，由中心起针向四周扩展而成，钩至合适大小后向上编织2行，然后再钩织鞋面。

鞋帮部分是用棒针进行编织的，用棒针沿鞋口挑起进行编织，挑针的密度是1针钩针挑1针，编织的花样为单罗纹的花样，高度为8cm，在第4行的位置留出穿系带的孔。

左右两只的编织方法相同，编织完毕以后，在鞋面绣一圈白色纹路作装饰，将事先准备好的纽扣钉在相应的位置上。

实物尺寸

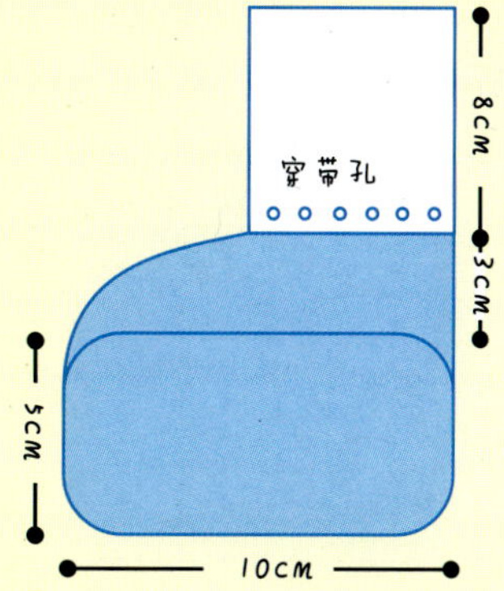

成品效果图

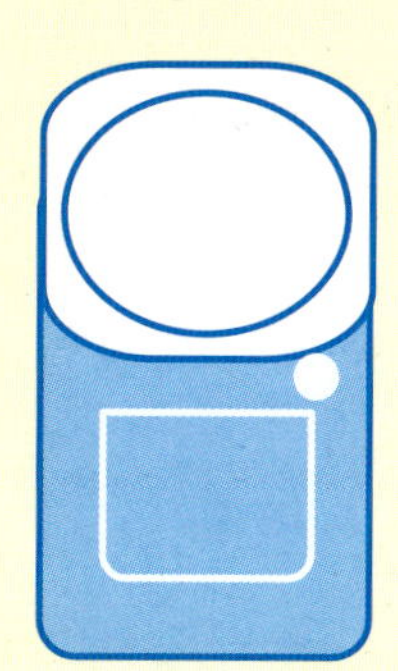

钩针符号说明

○	辫子针
+	短针
Ŧ	长针

编织小常识：

织物的起针

一般新手最爱问的就是：我得起多少针啊？

我的经验就是：用你所选好的针和线，按你所选定的花样来编织，织成一个10平方厘米的小样片，再对照衣服的大小，就知道该起多少针了。

鞋帮部分编织图

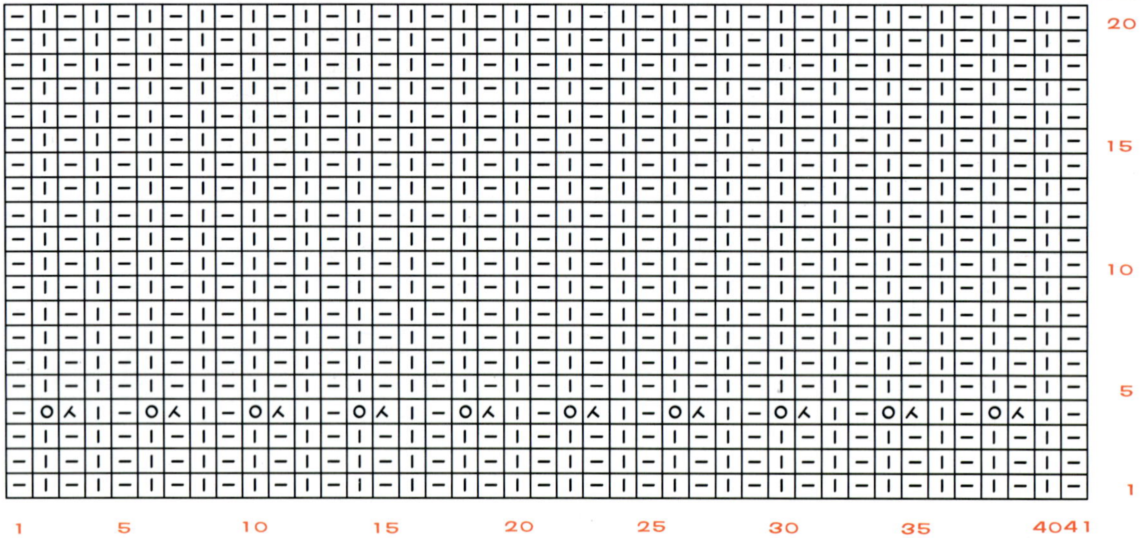

红线位置挑起织鞋口，挑针密度为1针中长针挑1针

虚线表示与旁边对应位置相连

鞋底及鞋面部分编织图

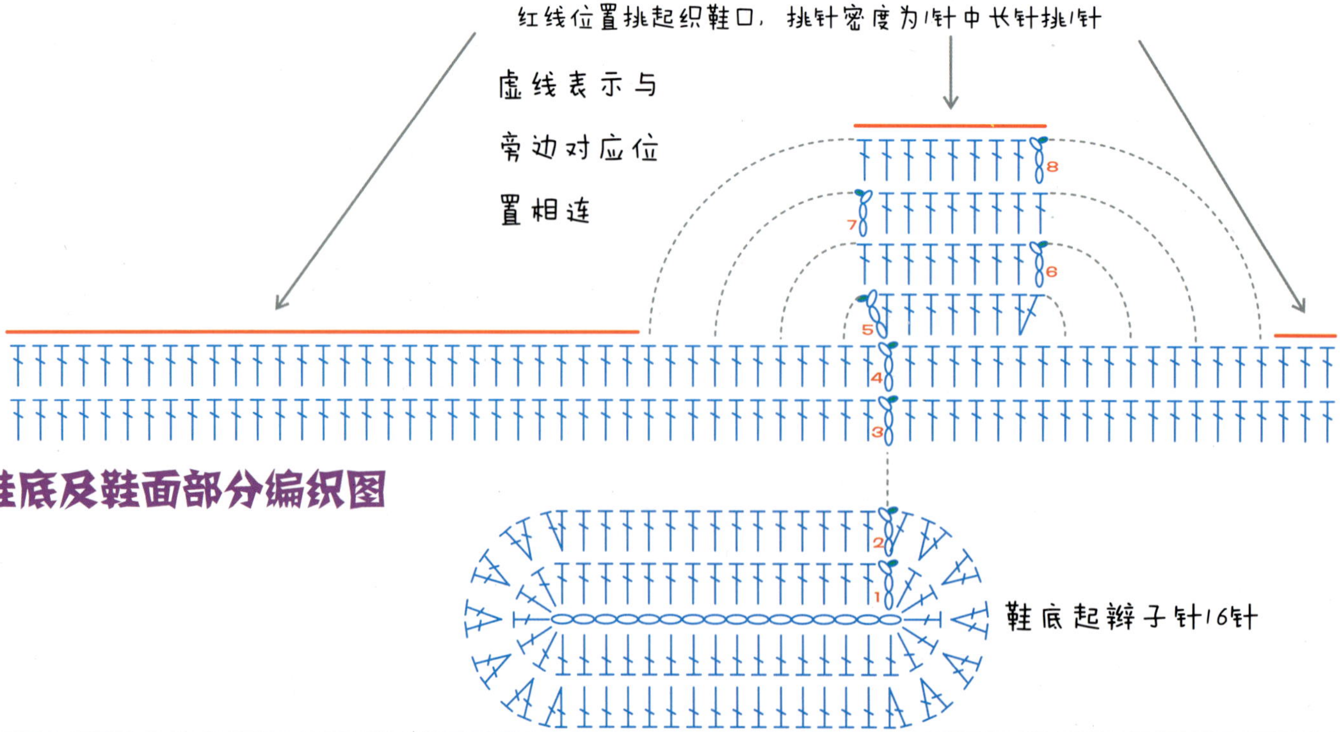

鞋底起辫子针16针

卡通机器猫帽

可爱的小多啦A梦，是陪伴我们童年的亲爱伙伴，现在也会成为我们宝宝的亲密伙伴哦，织一顶这样的帽子给宝宝，让他的童年也充满美丽的幻想……

卡通机器猫帽

制作详解

【工具】

2.0mm钩针；
毛线缝针。

【材料】

深蓝色中粗奶棉30g；
白色中粗奶棉10g；
红色、黑色线少许。

钩针符号说明

○	辫子针
+	短针
|	中长针

【编织要点】

这是一款使用钩针编织的卡通造型帽子，主要使用的针法是长针，帽子的边缘钩了1行反向短针，另外利用了色彩的搭配来塑造了卡通的形象。

编织是从帽顶开始的，中心起长针16针，一直织到第6圈，每圈增加16针长针，从第7圈到14圈，针数不作增减，第15圈，按原针数编织1圈反向短针，帽体便编织完成。

为了塑造卡通形象，还需要编织一个白色的脸部（5圈长针的圆形）、两只眼睛（两圈长针的圆形，白色编织后用黑线绣出黑眼球部分）、一个红色鼻子（1圈长针的形），并按图缝制在帽体上，还需要用黑色线绣出嘴巴和胡须。

实物尺寸及配色示意图

面部

（贴于帽体中央下方，上再贴红色鼻子及绣嘴和胡须））

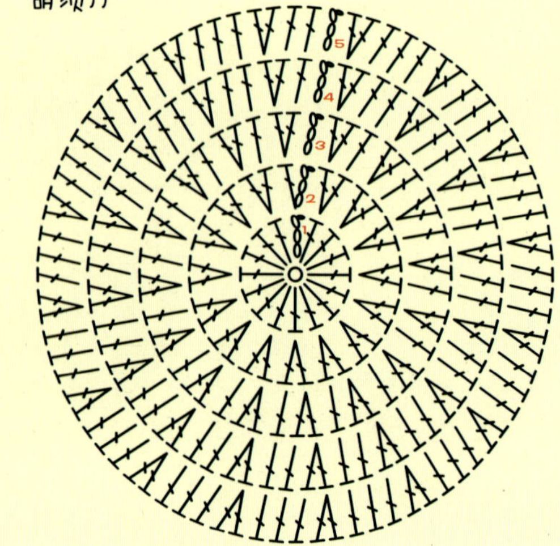

帽子编织图

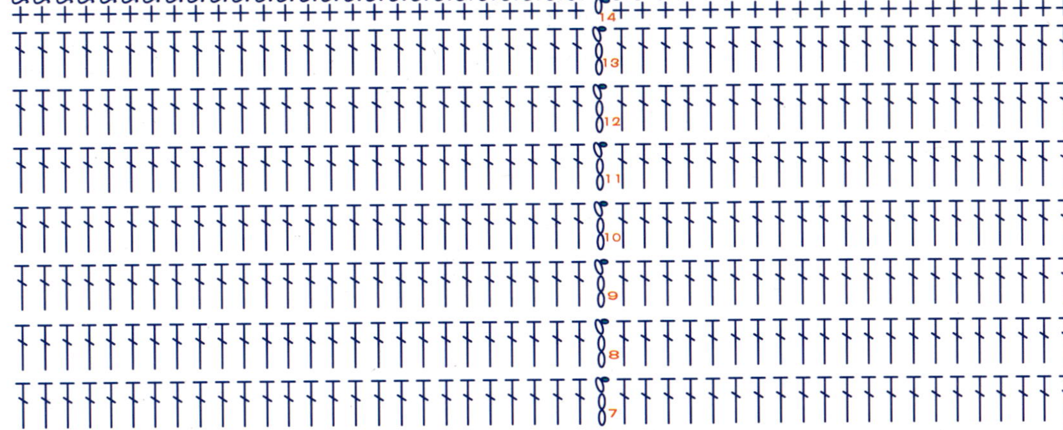

鼻子1枚

眼睛2枚

(钉于面部上方)

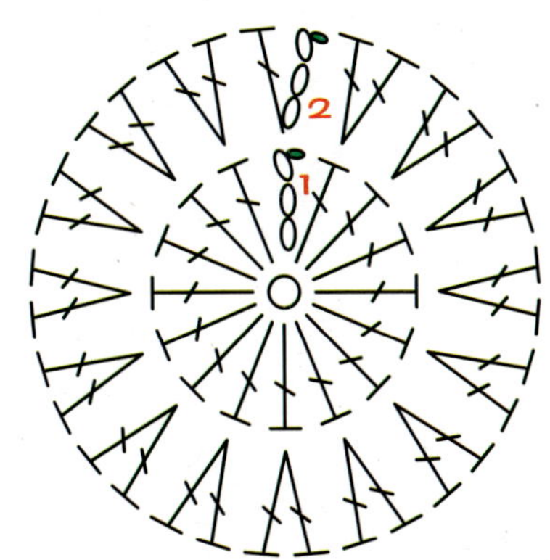

实用简洁小围兜

宝宝吃饭的时候、喝水的时候、长牙的时候都会经常把胸前的衣服弄湿弄脏，系上一条围兜，经常更换，会有效地保证衣服的清洁。

实用简洁小围兜

制作详解

【工具】

2.0mm钩针；

毛线缝针。

【材料】

A：深蓝色线20克；

玫红色、黄色线少许

B：白色线20克；

淡蓝色、淡绿色线少许。

【编织要点】

这是一款钩针编织的小围兜，主要针法是短针。

首先起辫子针24针，在编织的过程中每行两端各加1针，加8次。然后针数不变向上编织，编织至33行。接着分成两部分编织，织法相反，织完后成为围兜的颈圈部分和后带部分。

两款围兜的编织方法相同，只是在修饰上小有区别。A款用淡蓝色线钩边，并钩一朵玫红色的小花缝制在左下方。B款用淡绿色钩边，用淡蓝色线在中间缝两条间距2cm左右的波浪线，并钩制3个淡绿色小圆形花样，平均分布缝制在这两条波浪线上。

实物尺寸及A款成品效果图

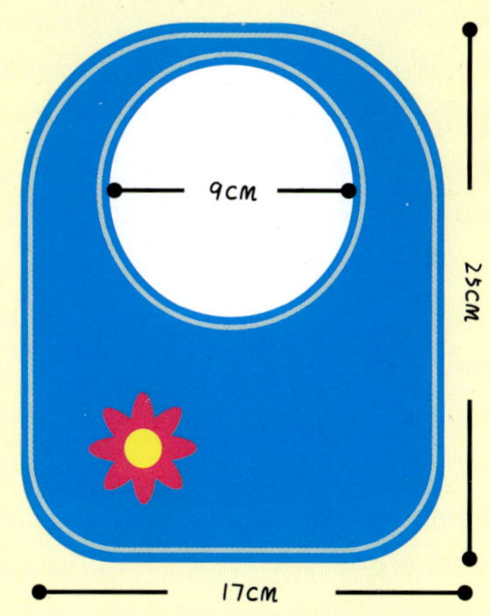

钩针符号说明

符号	说明
o	辫子针
+	短针
|	中长针

A款装饰小花

B款装饰小花

实物尺寸及B款成品效果图

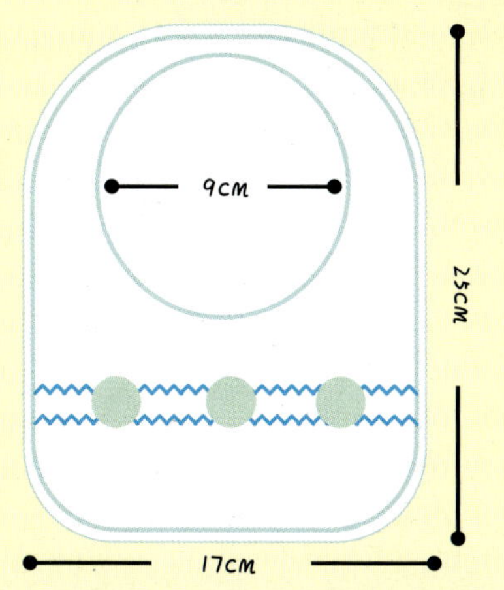

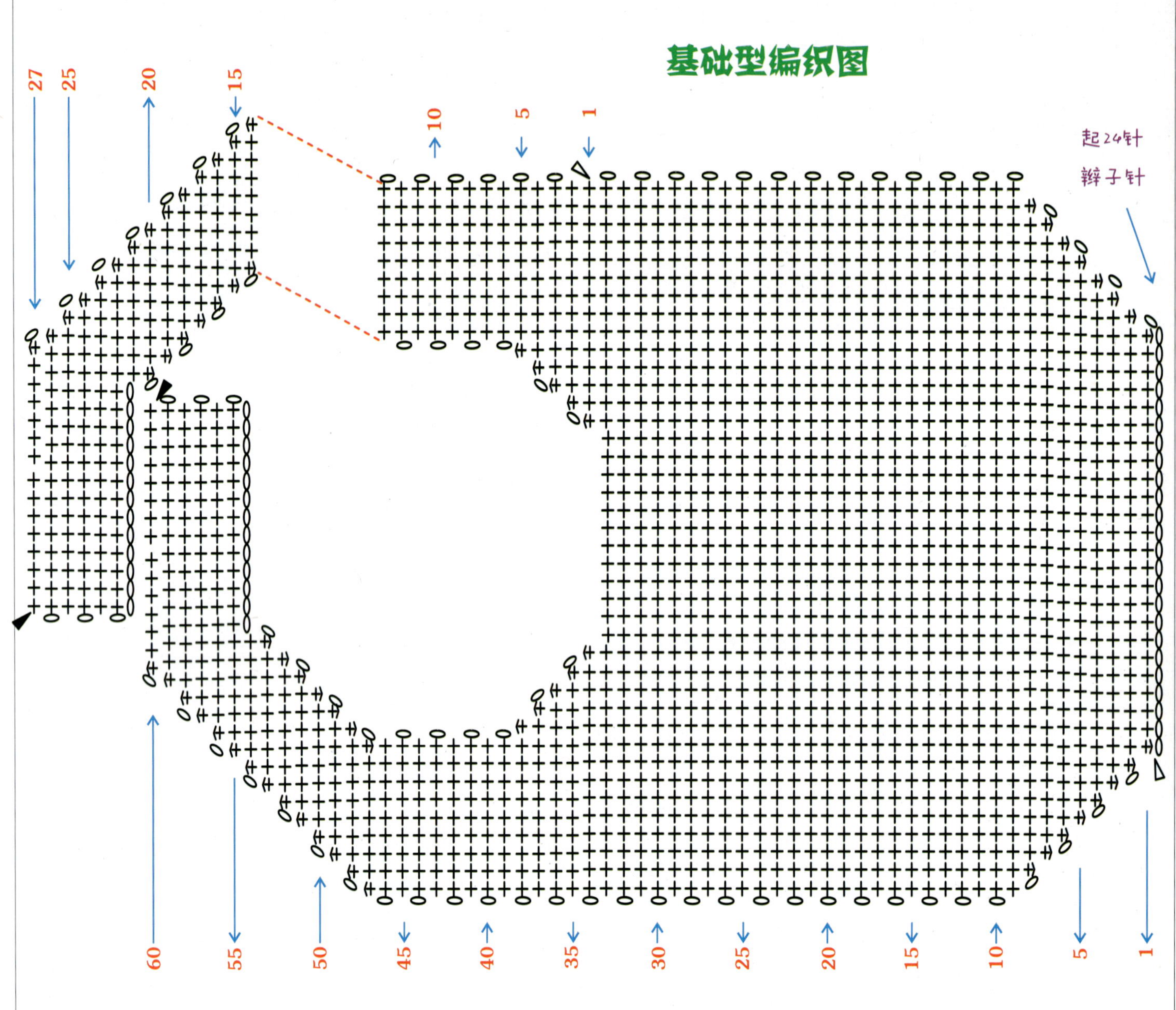

基础型编织图
起24针
辫子针
27
25
20
15
10
5
1
60
55
50
45
40
35
30
25
20
15
10
5
1

玫瑰花三件套

大胆的撞色设计，玫瑰花点缀，扇形花边，多件搭配，一套衣物演绎多种风格。

天气不是很凉的时候，让背带裤与
白T恤一起搭配也是很好的选择！

玫瑰花三件套

帽子制作详解

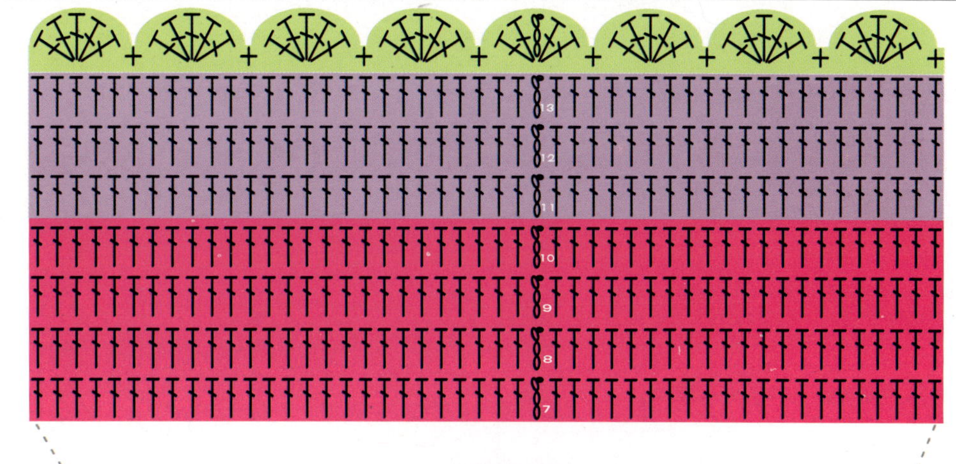

【工具】

2.0mm钩针；

毛线缝针。

【材料】

玫红色中粗奶棉15g；

淡紫色、淡绿色线少许。

钩针符号说明

符号	说明
○	辫子针
+	短针
|	中长针

【编织要点】

这是一款用钩针编织的帽子，从帽顶开始编织，主要针法为长针，帽子由玫红色和淡紫色两种颜色组成，帽边缘编织扇形花样作装饰，两耳边各点缀一朵手钩花。

实物尺寸

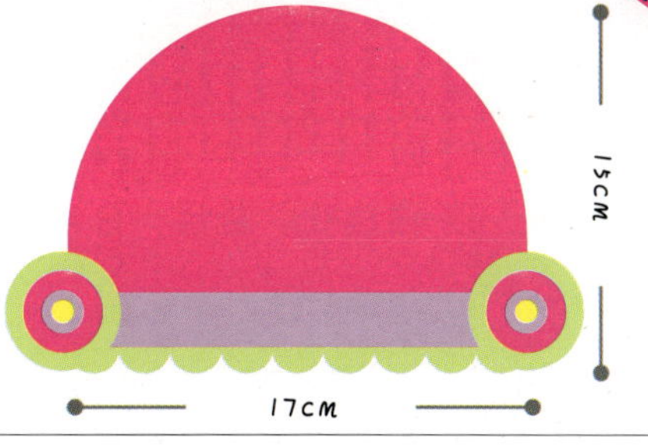

装饰花编织图

玫瑰花三件套

衣服制作详解

实物尺寸及配色示意图

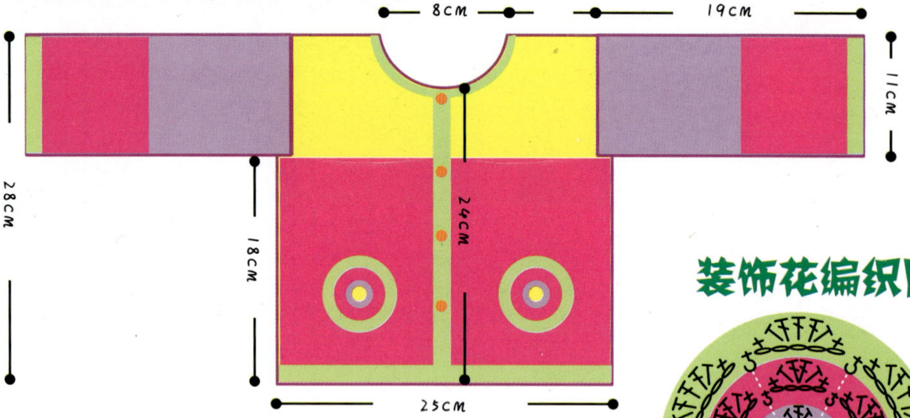

肩：与后片肩部缝合

装饰花编织图

领部收针示意图

袖窿收针示意图

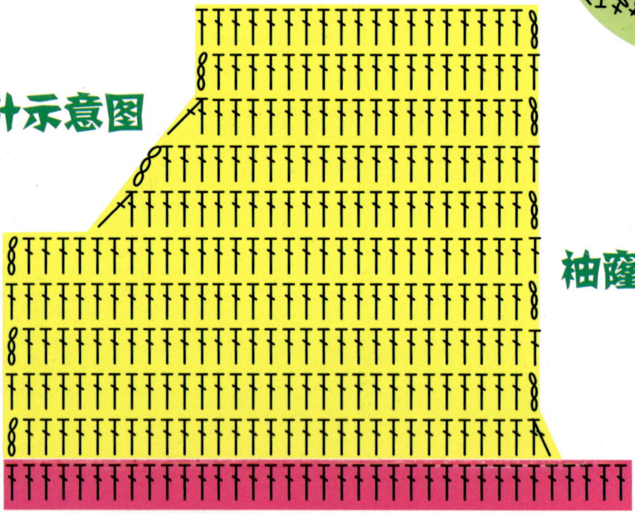

下摆起针，前片、后片共起针140针

【工具】

2.0mm钩针；
毛线缝针。

【材料】

玫红色中粗奶棉90g；
黄色中粗奶棉30g；
淡紫色中粗奶棉20g；
淡绿色中粗奶棉少许。

【辅料】

纽扣4枚。

【编织要点】

拼色设计及钩花装饰是全款的亮点，扇形花样作为所有边缘的装饰。

边缘花样

玫瑰花三件套

裤子制作详解

【工具】

2.0mm钩针；

毛线缝针。

【材料】

玫红色中粗奶棉30克；

淡紫色中粗奶棉15克；

黄色色中粗奶棉10克；

淡绿色中粗奶棉10克。

【辅料】

纽扣2枚

前片领部、袖洞收针图

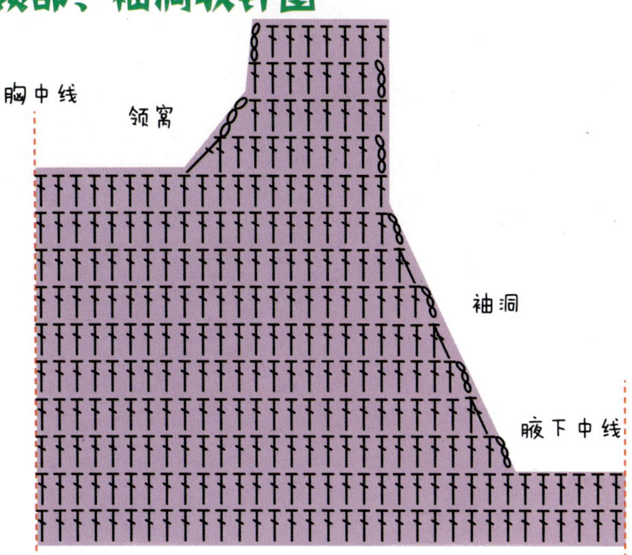

实物尺寸及配色示意图

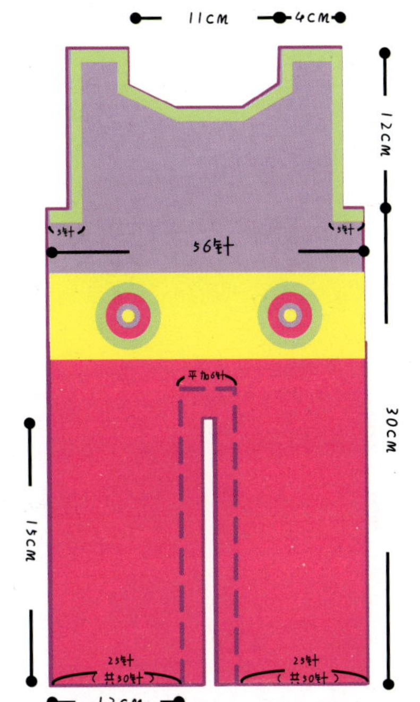

【编织要点】

编织从裤腿下边开始，一只裤腿起30针，将两只裤腿分别编织至要求长度时再合并编织，合并的两个中间各平添6针，一圈共112针，编织至要求长度时分前后片，具体可参见右边收针图。主体编织完毕，在领和袖部边缘编织扇形花样作装饰，在两裤腿的裆下挑起钩短针4行，一边钉纽扣，一边留扣眼。

后片领部、袖洞收针图

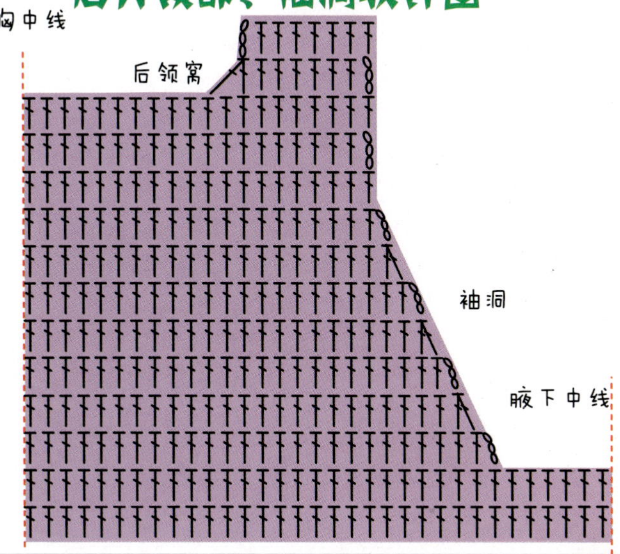

粉色保暖围巾、帽子

在冬季，保暖是最重要的事，帽子、围巾都是必备品，淡紫色的纹花搭配白绿的毛球，色彩花纹总相宜！

粉色保暖围巾、帽子

制作详解

帽子衬托尺寸

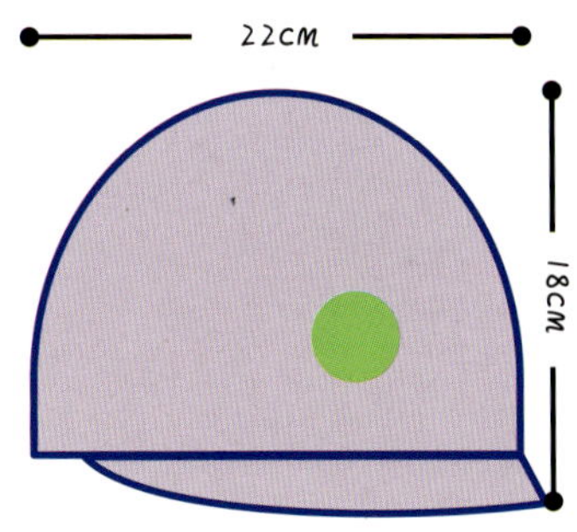

围巾实物尺寸

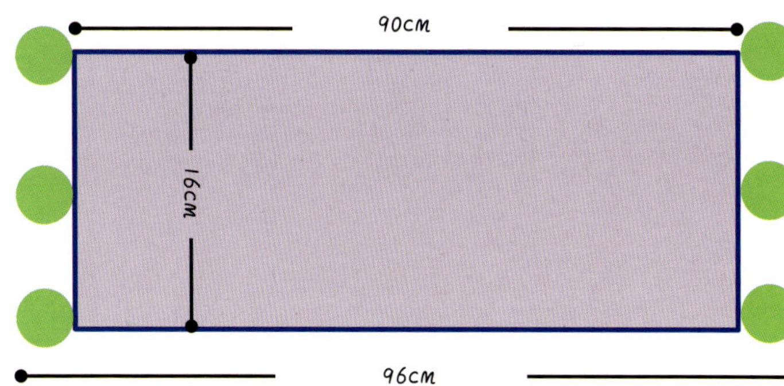

【工具】

9号棒针；
4.0mm钩针；
毛线缝针。

【材料】

淡紫色粗线150g；
白色、草绿色线少许。

【编织要点】

帽子的编织采用了钩织结合的方式，帽体采用了棒针编织，环形起针100针，按图示编织，编织到合适高度把针数分为5份，两边收针，直至收拢为止。然后沿着帽口边缘用钩针挑起100针短针，编织帽檐。编织完毕以后，把做好的毛线球固定在帽子上面。

围巾的花样跟帽子的花样相似，起41针，按图示花样编织。围巾编织部分的长度为90cm，两端各有3个毛线球作装饰，两端的毛线球的颜色分别是白色、草绿色以及白绿相间。

钩针符号说明

符号	说明
∘	辫子针
+	短针
|	中长针

帽檐编织图

从帽口边沿挑起编织帽檐部分

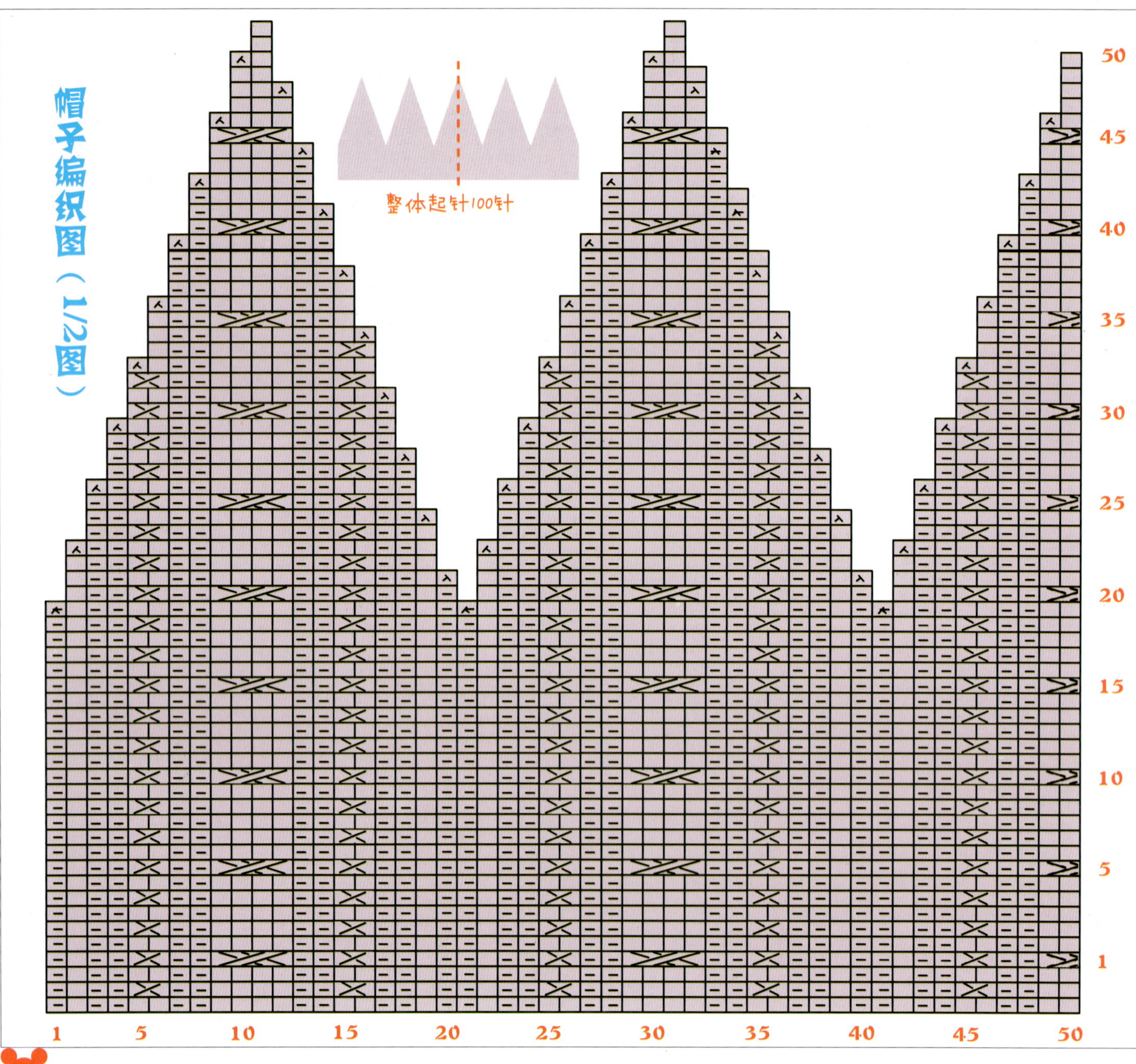
帽子编织图（1/2图）
整体起针100针
50
45
40
35
30
25
20
15
10
5
1
1
5
10
15
20
25
30
35
40
45
50

围巾编织图

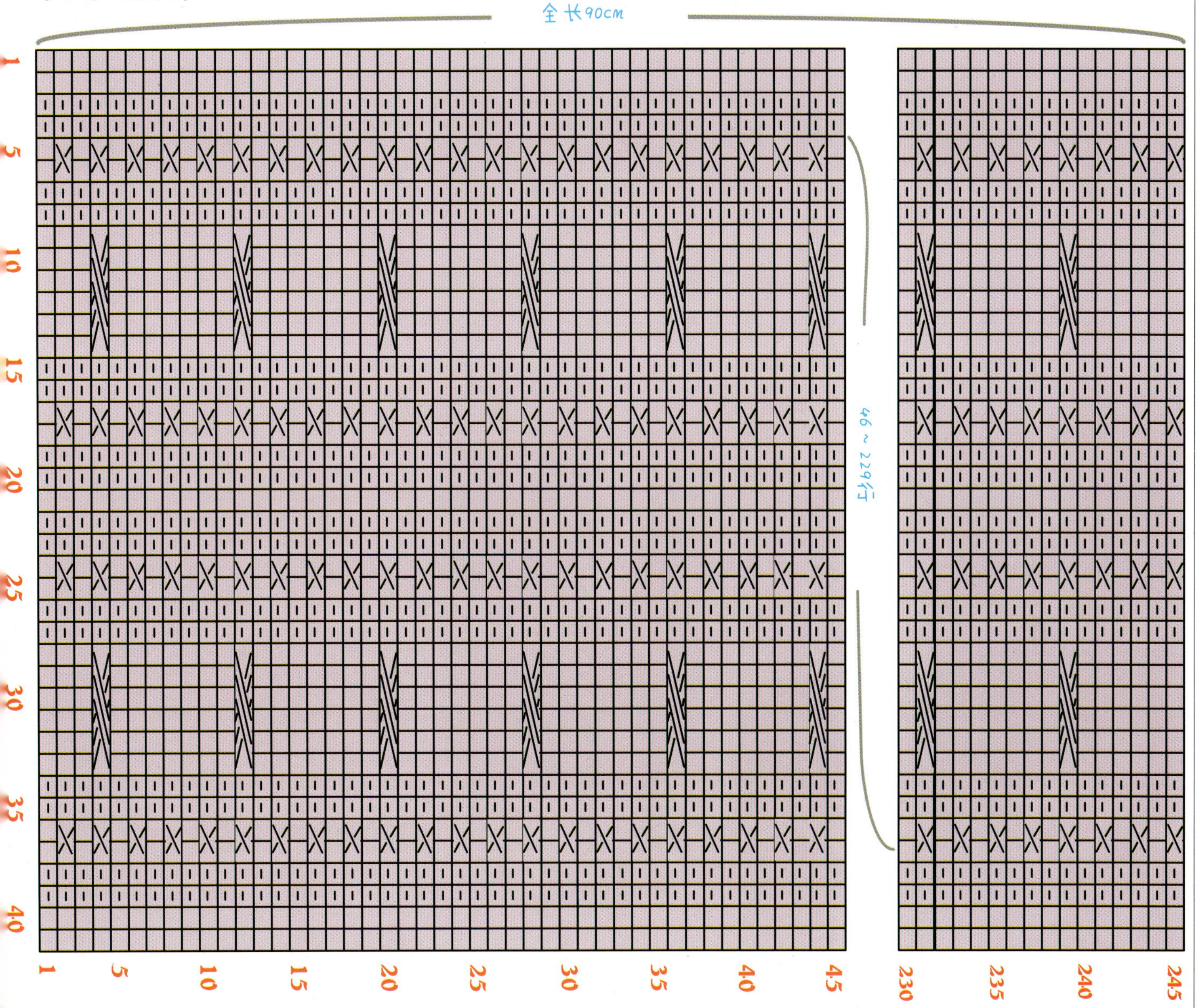

全长90cm

46～229行

粉色带帽开衫

冬天的时候，带帽子的衣服特别实用，可以有效地保护宝宝的脸蛋儿和耳朵。

粉色带帽开衫

制作详解

【工具】

12号棒针。

【材料】

淡粉色中粗奶棉180g。

【辅料】

粉色心形纽扣5枚。

实物尺寸及整体示意图

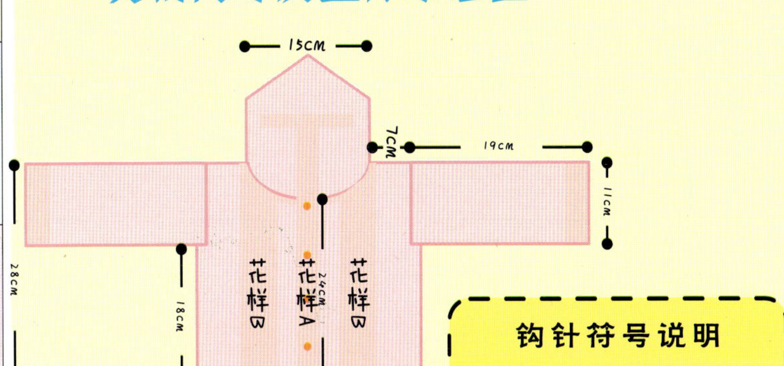

钩针符号说明

符号	说明
o	辫子针
+	短针
|	中长针

花样A

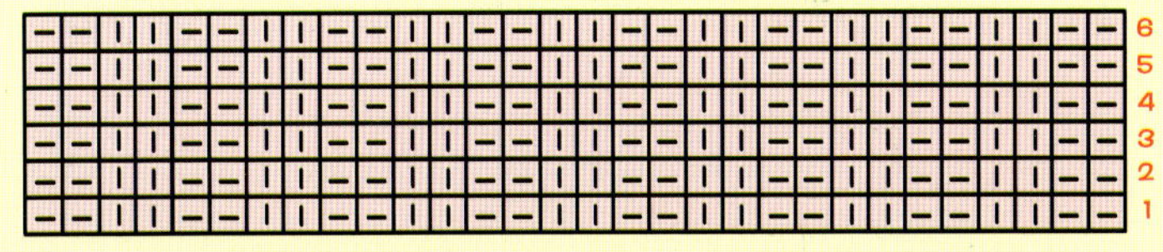

花样B

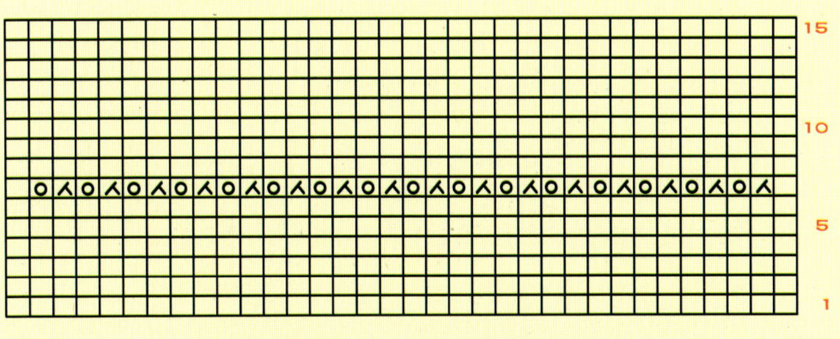

沿此虚线对折，底边翻转进去缝合

【编织要点】

这是一款适合秋冬季穿着的女宝宝外套，色彩粉嫩，款式时尚。

衣服是从下向上编织的，从下摆处整体起针编织。下摆的花样为狗牙花样，先织6行下针隔针织镂空针，再织6行下针，从镂空针处翻转织片，底边缝合。门襟两边编织花样，一直到肩部，花样织法见编织图。衣身编织完毕后，缝合肩部，从前、后领部挑起织帽子，视挑起针数多少，可适量加针，帽子向上编织至25cm左右，对折缝合。从门襟连同帽子边缘挑起织边缘花样，即花样A，并在右边的门襟预留出扣眼。袖子是直接从袖洞挑起来编织，一直编织下针，在袖口部分编织狗牙针，即花样B。

衣身编织图(1/2图)

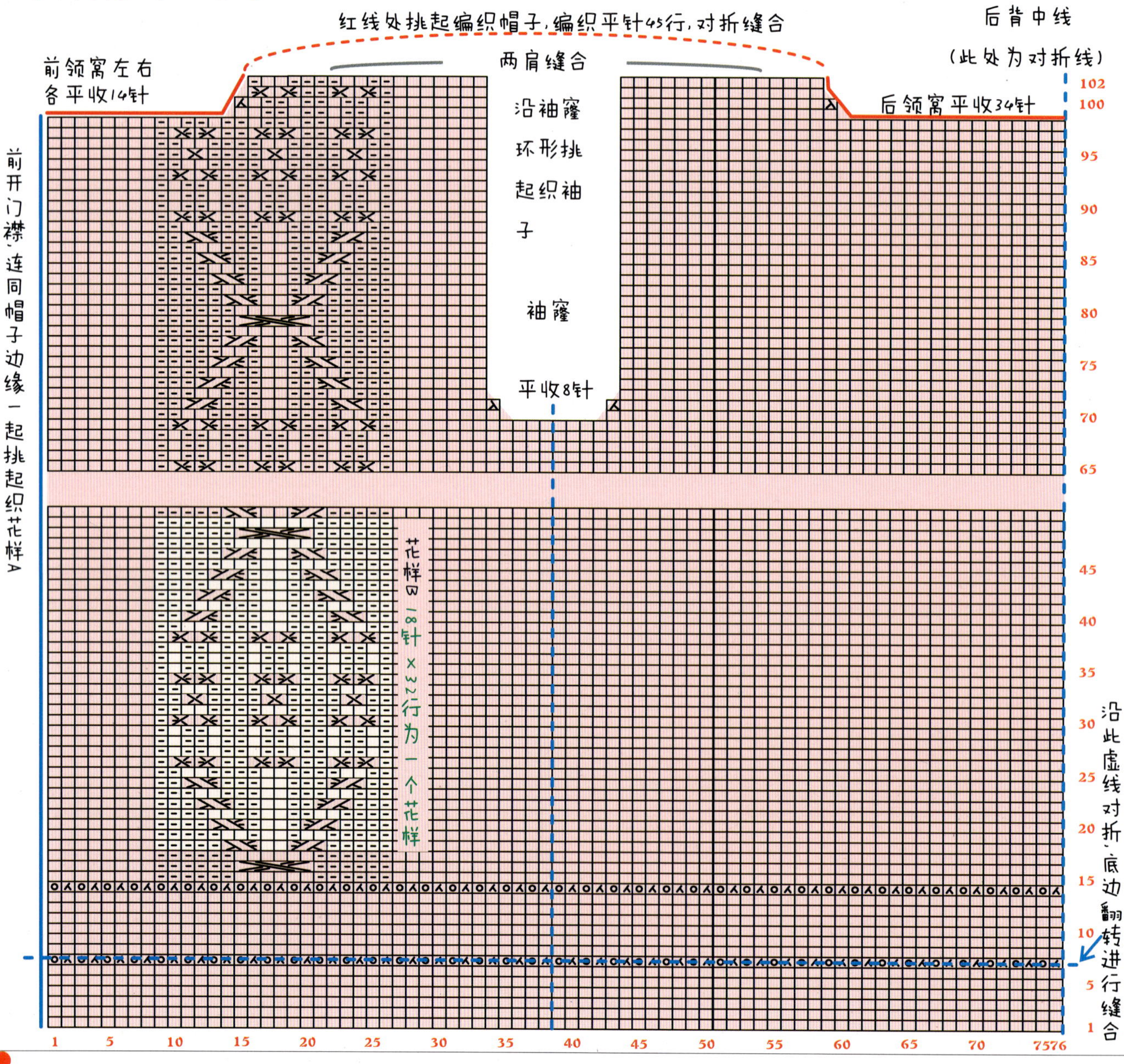

红线处挑起编织帽子，编织平针45行，对折缝合
后背中线
（此处为对折线）
两肩缝合
前领窝左右
各平收14针
后领窝平收34针
沿袖窿
环形挑
起织袖
子
袖窿
平收8针
前开门襟，连同帽子边缘一起挑起织花样A
花样B 18针×32行为一个花样
沿此虚线对折，底边翻转进行缝合
102
100
95
90
85
80
75
70
65
45
40
35
30
25
20
15
10
5
1
1
5
10
15
20
25
30
35
40
45
50
55
60
65
70
7576

浅绿两用衫

既是开衫也是套头衫，多用方便。

浅绿两用衫

制作详解

【工具】

9号棒针；

手缝针。

【材料】

淡绿色粗线160g。

【辅料】

小熊纽扣10枚。

【编织要点】

这是一款开式套头两用衫，兼具美观和实用。

编织分为三个部分。一部分就是前面的一片，这一片有花样的设计，编织的时候需要一点技巧，在织片的两边分别留了5个扣眼。第二部分是衣身主体的部分，针法简洁，整体一起向上织，到腋下的时候分出背面和前面左右的两面。按图示编织好主体，并在肩部做好缝合。继续编织第三部分：袖子。袖子直接从袖窿挑起织平针，针数不作增减，一直编织到需要的长度。

所有部分编织完以后，钉上小熊纽扣，作好整理，这件别致的衣服便完成了。

实物尺寸

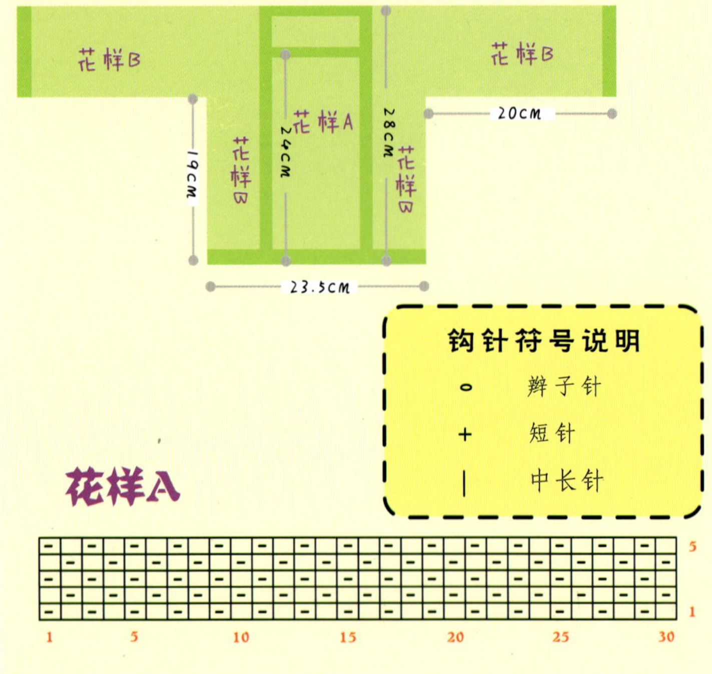

花样B

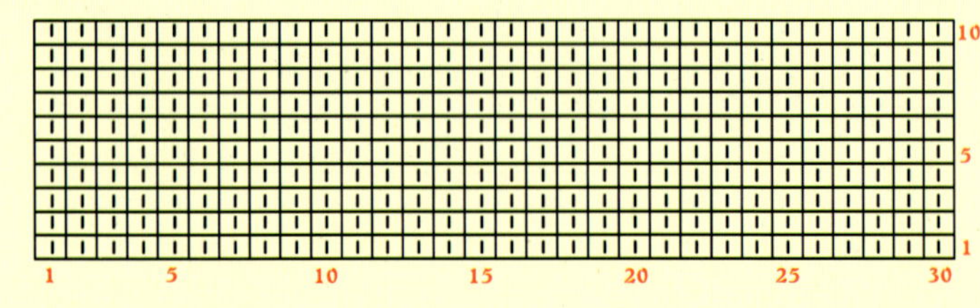

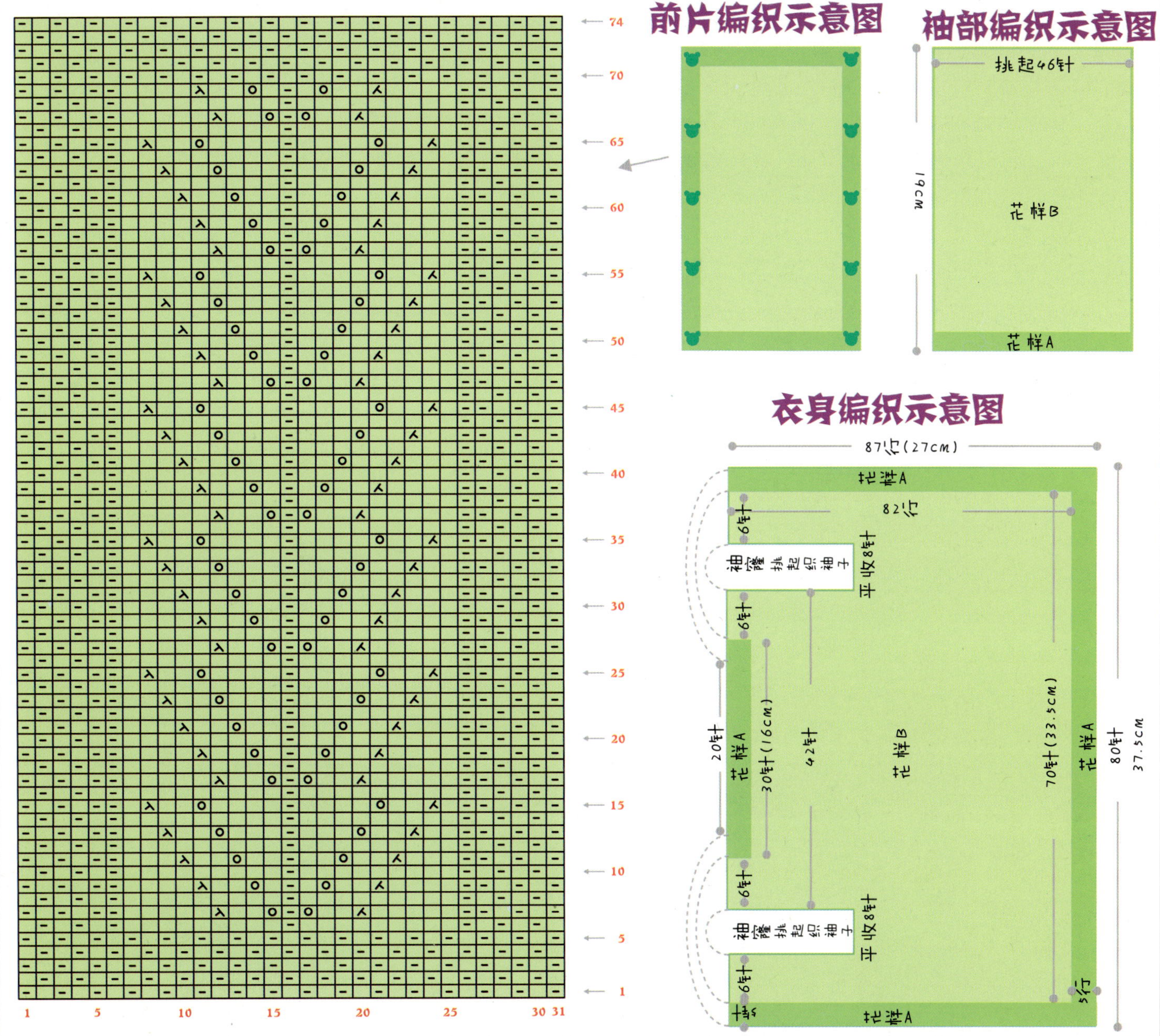
前片编织示意图
袖部编织示意图
挑起46针
19cm
花样B
花样A
衣身编织示意图
87行(27cm)
花样A
82行
6针
袖窿挑起织袖子
平收8针
6针
20针
花样A
30针(16cm)
42针
花样B
70针(33.5cm)
花样A
80针
37.5cm
6针
袖窿挑起织袖子
平收8针
6针
5行
花样A

白色连帽开衫

想要抵挡冬季的寒冷，粗线的毛衫就显示出它的优点了。绞花的花样，带帽的款式，保暖又好看，帽尖上晃动的毛球又增添了几分灵动。

白色连帽开衫

制作详解

【工具】

9号棒针。

【材料】

白色粗奶棉线280g。

【辅料】

纽扣4枚。

【编织要点】

这是一款适合秋冬季穿着的男宝宝外套，因为使用粗线编织，柔软保暖。

衣服从下向上编织，从下摆处整体起针编织。下摆为双罗纹花样，共编织12行，然后编织衣身。衣身门襟两边编织花样B（见编织图），一直到肩部。衣身编织完毕后，缝合肩部。从前后领部挑起织帽子，视挑起针数多少，可适量加针，帽子向上编织至25cm左右，对折缝合，从门襟连同帽子边缘挑起织花样A，并在右边的门襟预留出扣眼。袖子是直接从袖窿挑起来编织，袖子的中间插入花样C，袖口部分编织花样A。

实物尺寸及整体示意图

钩针符号说明

- ∘ 辫子针
- + 短针
- | 中长针

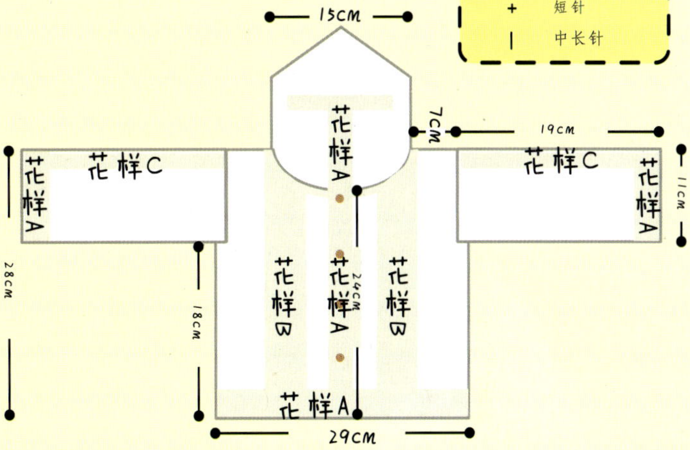

花样A

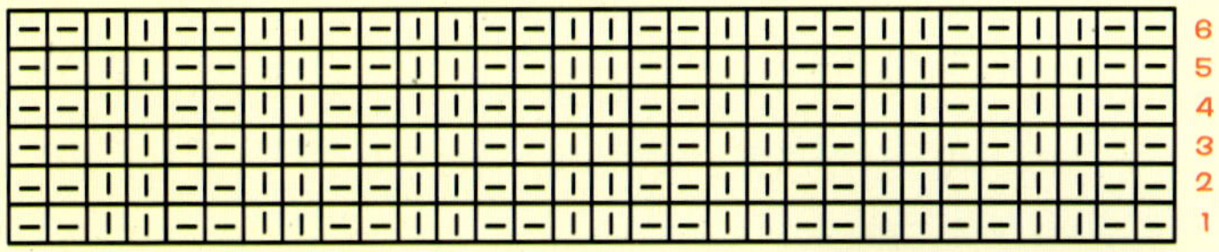

花样B

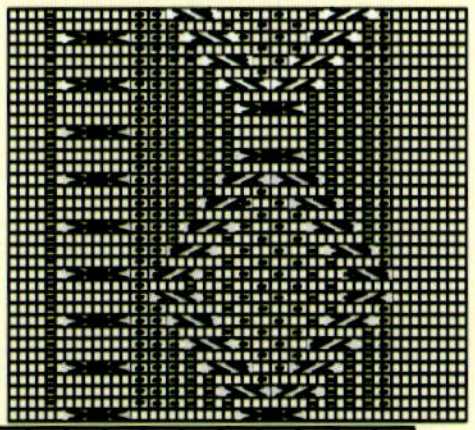

花样C

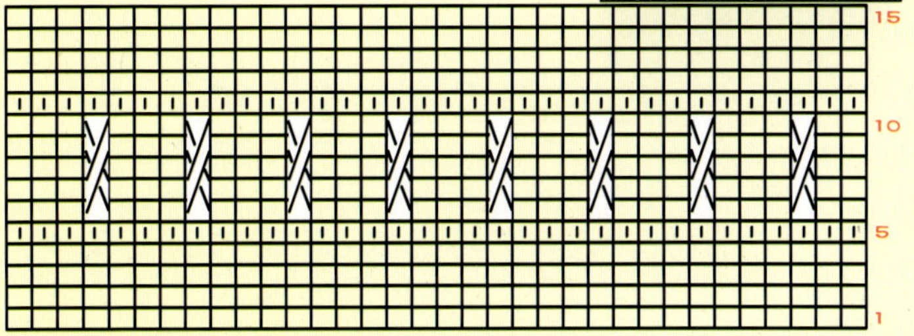

衣身编织图(1/2图)

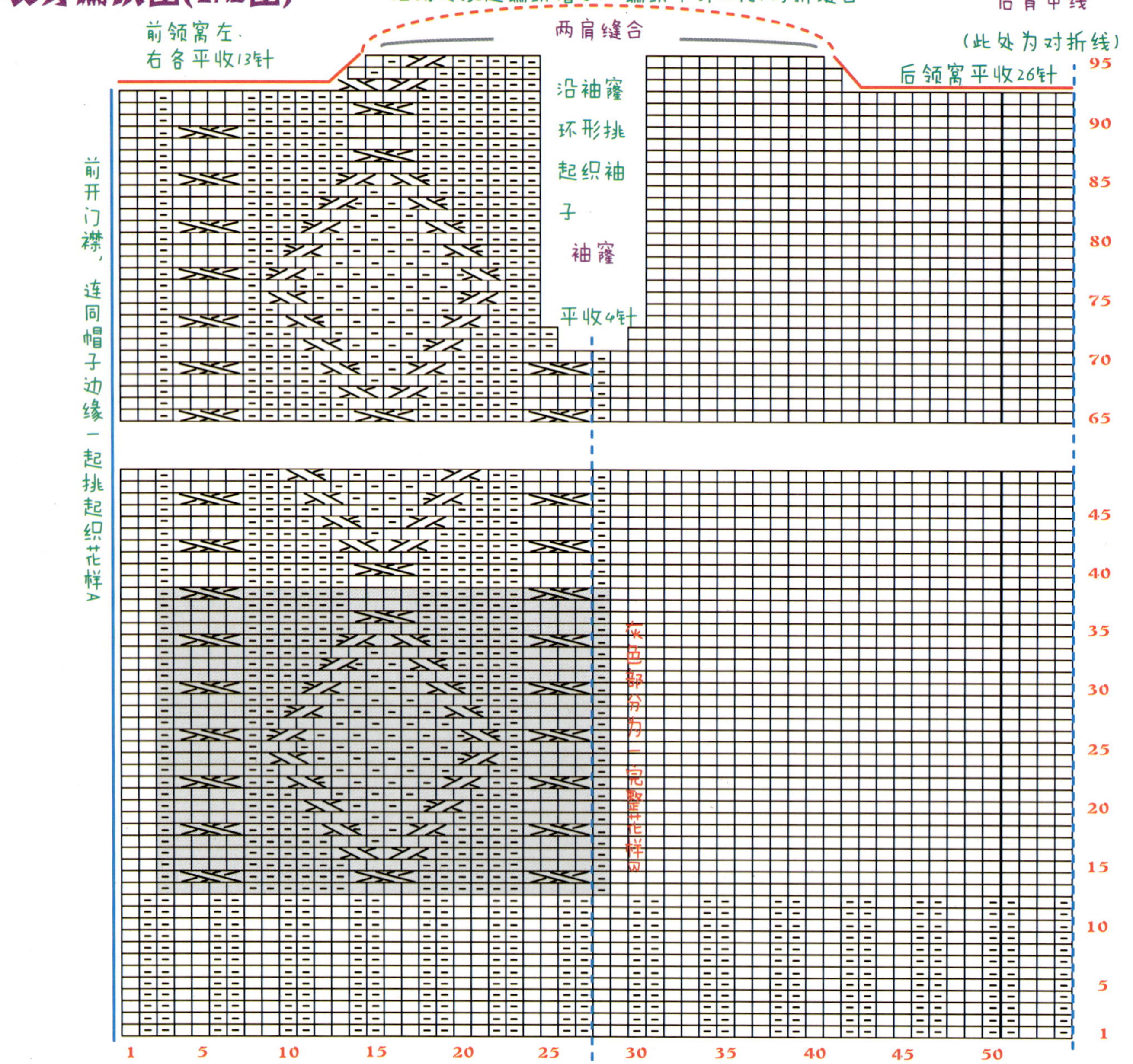

红线处挑起编织帽子，编织平针30行，对折缝合

前领窝左、右各平收13针

两肩缝合

后背中线

(此处为对折线)

后领窝平收26针

沿袖窿环形挑起织袖子

袖窿

平收4针

前开门襟，连同帽子边缘一起挑起织花样A

灰色部分为一完整花样B

95 90 85 80 75 70 65 45 40 35 30 25 20 15 10 5 1

1 5 10 15 20 25 30 35 40 45 50